はじめに

　楕円曲線と保型形式は現代数学において，とりわけ数論の世界では欠かすことのできない極めて重要な分野である．特に楕円曲線については，後に述べるようになめらかな3次曲線という極めて単純なものであるにもかかわらず，現代の数学技術をもってしても，その全貌は未だ解明されていない．それどころか，今もなお新しい研究対象を提供し続けている，尽きることのない源泉なのである．驚くべきことに，楕円曲線と保型形式は生まれも育ちも全く異なる概念であるにもかかわらず，実に深遠で美しい関係で結ばれている．しかるに，これらについて学ぼうと専門書を紐解いてみると，難解な数式や専門用語が跋扈し，またその各々が数学的にあまりにも多くの内容を含むため，木を見て森を見ずといった状態に陥りやすい．したがって本書では，楕円曲線と保型形式の基本的な性質およびこれらの関係性について，なるべく簡潔に丁寧に述べることを心がけた．より具体的には，本書は楕円曲線の群構造，Mordell の定理，合同数，モジュラー(モデル)形式，谷山–志村–Weil(ヴェイユ) 予想，Fermat(フェルマー) の最終定理など，いわば楕円曲線と保型形式の「おいしいところ」を 80 ページにまとめたものである．

　楕円曲線と保型形式が皆の（とりわけプロ以外も）興味を惹くようになった理由の1つは，Fermat の最終定理がそれらを駆使することにより解決されたからであろう．そもそも歴史上，楕円曲線上の有理点について最初に考察したのは Fermat とされている．その意味では，Fermat は楕円曲線論の始祖と呼ばれるべき人物で，自身が残した問題が 360 年の時を経て楕円曲線の問題として解かれたのだから，彼もさぞかし喜んでいることだろう．

　ところで，なぜ Fermat の最終定理は 360 年もの間，誰も解けなかったのだろうか？その理由は至ってシンプルで，証明に必要な道具が足りなかったのである．そして，その足りなかった道具こそが，本書で述べる楕円曲線と保型形式なのである．360 年もの間，どのような鍵もその鍵穴に通さなかった扉が，楕円曲線と保型形式の対応という鍵により開かれたのである．Fermat は，「この定理に関して，私は真に驚くべき証明を見つけたが，この余白はそれを書くには狭すぎる．」という今では小学生でも知ってるほど有名な台詞だけを残し，肝心の証明はどこにも残さなかった．しかしながら，これらの道具が整備されていなかった 17 世紀の数学技術では，おそらくこの問題を解決するのは不可能であったと思われる．現代では，この Fermat の台詞を記述式の試験に適用できると勘違いしてしまった理系大学生が，余白が十分にある期末テストの解答用紙にこの台詞だけを記した結果，次年も同じ授業を受けることになるという悲劇が後を絶たない．なお，アンサイクロペディアでこの台詞について調べると，「驚くべき証明を見つけたがそれを書くには余白が狭すぎる (Marvelous Proof Which This Margin Is Too Narrow To Contain, 略称 MPMN) とは数学における証明の手法のひとつ．だがそれを完全に説明するには余白が狭すぎる．」と記載されているが，情報にはとかくガセがつきものなので十分に注意して頂きたい．この主張のどこに誤りがあるのかについて完全に説明するには余白が狭すぎ

1

るので，残念ながらここでは述べることはできない．Fermat の最終定理が楕円曲線と保型形式の関係性を用いてどのように解決されたかについては，本書の最後にまとめてあるので楽しみにしておいてほしい．

本書は読者として主に代数学，幾何学，複素解析学についての基礎知識をもつ理系大学生を想定しているが，数学専攻でない方や意欲のある高校生にも是非読んでいただきたい．しかしながら，楕円曲線や保型形式という概念は，それ自体が非常に難解なものであるため，数学を専攻とする方以外は難解な数式や専門用語，特に定理の証明に関しては，最初は読み飛ばすことを老婆心ながらお勧めする．楕円曲線と保型形式がどのように関係しているのか，またその関係性が何をもたらすのかについてわかりやすいよう，なるべく補足説明を多くいれるようにしたので，筋を追っていくだけでも，おおよその流れは掴めるはずである．とは言ったものの，命題や定理の証明については，途中計算などもなるべく省略せずに可能な限りわかりやすく書いたつもりなので，余裕があれば是非目を通して頂きたい．

微分と積分が互いに逆演算の関係で結ばれていたことが発見されたことで解析学が急速に発展したように，楕円曲線と保型形式を結ぶ対応関係が発見されたことで 360 年もの間，誰も開けることができなかった扉が開き，今日の数論を大きく発展させた．起源の異なる 2 つのものが，実はその奥底で一本の線で結ばれていた，という単純で素朴な「驚き」により得られるカタルシスを，本書を通じて少しでも感じてもらえれば幸いである．

なお，本書では以下の記号を用いる．

$\mathbb{C}$：複素数全体の集合
$\mathbb{R}$：実数全体の集合
$\mathbb{Q}$：有理数全体の集合
$\mathbb{Z}$：整数全体の集合

目次

1 **楕円関数** 4
   1.1 楕円関数とその基本的な性質 4
   1.2 Weierstrass の $\wp$ 関数 6

2 **有理数体上の楕円曲線** 12
   2.1 有理数体上の楕円曲線の群構造 12
   2.2 Mordell の定理 14
   2.3 弱 Mordell の定理 16
   2.4 $E(\mathbb{Q})$ の点の高さの性質 21
   2.5 合同数 29

3 **保型形式** 33
   3.1 $SL_2(\mathbb{Z})$ に対する保型形式 33
   3.2 Eisenstein 級数 39
   3.3 j 不変量 58
   3.4 合同部分群に対する保型形式 61

4 **楕円曲線上の有理点と保型形式** 66
   4.1 有限体上の楕円曲線の有理点 66
   4.2 n 等分点と Galois 群の作用 71
   4.3 Fermat の最終定理 77

1 楕円関数

楕円曲線を理解する上で, 楕円関数について知ることは大変重要である. まずは, 楕円曲線と楕円関数の定義を紹介しよう.

定義 1.1.
$$y^2 = ax^3 + bx^2 + cx + d \ (a, b, c, d \in \mathbb{Q}) \quad a \neq 0, 右辺の 3 次式は重根をもたない.$$
の形の方程式で与えられる曲線を, 有理数体 $\mathbb{Q}$ 上の**楕円曲線**という.[*1]

定義 1.2. 関数 $f(z)$ が $\mathbb{C}$ 上の有理型関数であり, かつ $\mathbb{R}$ 上 1 次独立な複素数 ω_1, ω_2 を周期にもつ二重周期関数であるとき, $f(z)$ を**楕円関数**という.

楕円曲線と楕円関数の定義を見ると, それぞれ「楕円」という名がついているにもかかわらず, その定義から楕円の姿はまるで見えないが, 無論楕円と全く無関係というわけではない. 楕円関数の「楕円」の名は, 楕円関数が楕円の周の長さを計算したときに現れる積分 (楕円積分) の逆関数として最初に発見されたことに由来する. そして, 楕円曲線の「楕円」の名は, 実は楕円関数に由来する. つまり楕円曲線と楕円関数は, 何らかの対応関係で結ばれている非常に親密な仲なのである. この一見すると全く無関係な楕円曲線と楕円関数の間に潜む対応関係こそが, 楕円曲線を豊かな数学的対象たらしめている根本的な理由なのである.

この節では, 楕円関数の基本的な性質を紹介し, 楕円曲線と楕円関数の対応関係について述べる.

1.1 楕円関数とその基本的な性質

先程述べたように, 楕円関数とは二重の周期をもつ周期関数である. 我々が人生の中で一番最初に出会う周期関数は, おそらく三角関数であろう. 例えば正弦関数 $\sin x$ は, 2π を周期にもつ周期関数である. $\sin x$ の周期は 2π だけでなく, $4\pi, 6\pi$ なども $\sin x$ の周期であり, 一般に, $2m\pi \ (m \in \mathbb{Z})$ の形の実数はすべて $\sin x$ の周期である. このことから $\sin x$ の周期は無限に存在することがわかる. このように, 周期関数は無限に多くの周期をもつが, それらの周期のどの組の比をとってもそれが実数であるとき, その周期関数のすべての周期は, ある周期 ω の整数倍で表すことができる. そのような周期関数を単一周期関数といい, ω をその基本周期という. 単一周期関数のすべての周期は基本周期の整数倍で表すことができるから, 単一周期関数の周期を表す点は, 複素数平面上のある直線上に並ぶ.

[*1] 標数が 2 でない任意の可換体 K における楕円曲線の定義ついてもこれと同様である. また, $\mathbb{Q}$ 上では適当な変数変換により $y^2 = x^3 + Ax + B$ の形にかくことができる.

二重の周期をもつ楕円関数は，いわば単一周期関数である三角関数の拡張である．$\mathbb{R}$ 上 1 次独立な複素数 ω_1, ω_2 を周期にもつ楕円関数 $f(z)$ の周期全体の集合を M とする．このとき，整数係数の 1 次結合 $m\omega_1 + n\omega_2$ が M に含まれることはすぐにわかる．逆に，すべての周期が整数係数の 1 次結合 $m\omega_1 + n\omega_2$ の形で表されるように選んだ周期 ω_1, ω_2 を，二重周期関数の基本周期という．つまり，二重周期関数の基本周期とは，周期全体のなす加群 (周期加群という) の基底である．単一周期関数の周期を表す点が複素数平面上の直線上に並ぶのに対し，二重周期関数の周期を表す点は，複素数平面上の格子となる．また，複素数平面上の任意の点 a に対し，4 点，$a, a+\omega_1, a+\omega_2, a+\omega_1+\omega_2$ を頂点とする平行四辺形を基本周期平行四辺形という．二重周期関数の基本周期のとり方は一意的でないことにも注意しておこう．例えば，ω_1, ω_2 が基本周期であるならば，$\omega_1, \omega_1+\omega_2$ も基本周期である．また，楕円関数の基本周期平行四辺形内にある極の位数の和を**楕円関数の位数**という．

　以下，複素数 $z_1 - z_2$ が M に属するとき，すなわち，整数 m, n に対して，$z_1 = z_2 + m\omega_1 + n\omega_2$ となっているとき

$$z_1 \equiv z_2 \pmod{M}$$

とかくことにする．楕円関数には次のような性質がある．[*2]

命題 1.3.
(1) 　定数関数でない[*3]楕円関数 $f(z)$ はその基本周期平行四辺形内において，少なくとも 1 つの極をもつ．
(2) 　楕円関数の留数の和は 0 である．
(3) 　基本周期平行四辺形内における極の位数の和は 2 以上である．
(4) 　楕円関数の導関数はまた楕円関数であり，その周期はもとの楕円関数と等しい．
(5) 　基本周期平行四辺形内における楕円関数の極の位数の和は，零点の位数の和に等しい．
(6) 　等しい周期をもち，かつ位数が等しい 2 つの楕円関数 $f(z)$ および $\phi(z)$ が零点および極を共有するならば，2 つの楕円関数は定数因子によって異なるだけである．
(7) 　$f(z)$ を n 位の楕円関数とし，$f(z)$ の周期全体の集合を M とする．辺上に $f(z)$ の極も零点もない基本周期平行四辺形の内部における零点を $a_1, a_2, \cdots, a_n$，極を $p_1, p_2, \cdots, p_n$ とすれば

$$\sum_{k=1}^{n} a_k \equiv \sum_{k=1}^{n} p_k \pmod{M}$$

が成り立つ．これを Abel の定理という．

[*2] 証明は，参考文献 [1] 参照．
[*3] 以下，定数でないという条件が自明な場合は，それが必要なときでも断らない．

命題 1.3 (3) より, 楕円関数の極の位数の和は 2 以上であるから, 楕円関数の位数は 2 以上であることがわかる.

1.2 Weierstrass の $\wp$ 関数

楕円関数の中で最も簡単なのは 2 位の楕円関数であり, その中でとりわけ重要なのが次に述べる Weierstrass の $\wp$ 関数である. Weierstrass の $\wp$ 関数について述べる前に, 2 位の楕円関数がもつ簡単な性質について述べる.

命題 1.4. [*4] 以下, $f(z)$ を 2 位の楕円関数とし, $f(z)$ の 2 つの基本周期を $2\omega_1, 2\omega_2$, $f(z)$ の周期全体の集合を M とする[*5]. また, $f(z)$ の 1 つの基本周期平行四辺形内の 2 つの極を p_1, p_2 とする. ただし, $f(z)$ が $z = p$ で 2 位の極をもつときは $p_1 + p_2 = 2p$ とする.

(1) $z = z_0$ において $f(z) = c$ ならば, 方程式 $f(z) = c$ の解は, すべて

$$z \equiv z_0 \quad \text{または} \quad z \equiv p_1 + p_2 - z_0 \pmod{M}$$

の形に表される.

(2) $p_1 \neq p_2$ ならば $f(z)$ の導関数 $f'(z)$ は 4 位の楕円関数で, その零点は次の 4 点である.

$$z_1 \equiv \frac{1}{2}(p_1 + p_2), z_2 \equiv z_1 + \omega_1, z_3 \equiv z_1 + \omega_2, z_4 \equiv z_1 + \omega_1 + \omega_2 \pmod{M}$$

(3) z_n $(n = 1, 2, 3, 4)$ を (2) で与えたものとするとき, $f(z)$ は $e_n = f(z_n)$ $(n = 1, 2, 3, 4)$ に対して次の微分方程式を満たす.

$$\{f'(z)\}^2 = C(f - e_1)(f - e_2)(f - e_3)(f - e_4)$$

ただし, $p_1 \neq p_2$ で, C は $f(z)$ により決まる定数である.

(4) $f(z)$ が $z = p$ において 2 位の極をもつならば, 導関数 $f'(z)$ は 3 位の楕円関数で, $f'(z)$ の零点は次の 3 点である.

$$z_1 = p + \omega_1, \quad z_2 = p + \omega_2, \quad z_3 = p + \omega_1 + \omega_2$$

また, このような楕円関数 $f(z)$ は z_n $(n = 1, 2, 3)$ を上で与えたものとするとき, $e_n = f(z_n)$ $(n = 1, 2, 3)$ に対して次の微分方程式を満たす.

$$\{f'(z)\}^2 = C(f - e_1)(f - e_2)(f - e_3)$$

ただし, C は $f(z)$ により決まる定数である.

[*4] 証明は, 参考文献 [1] 参照.
[*5] ここでは, 慣用上の便宜から, 2 つの周期を $2\omega_1, 2\omega_2$ にとる.

(4) の証明については参考文献 [1] でも省略されてしまっているため，ここで紹介することにしよう．

証明． [(4) の証明]　命題 1.4 (1) より $f(z) = f(2p - z)$ が成り立つから，両辺を z で微分すると $f'(z) = -f'(2p - z)$ を得る．よって，$p = z_1 - \omega_1$ と $2\omega_1 \in M$ に注意すると
$$f'(z_1) = -f'(2p - z_1) = -f'(z_1 - 2\omega_1) = -f'(z_1)$$
となるので，$f'(z_1) = 0$ が成り立つ．これと同様にして，z_2, z_3 も $f'(z)$ の零点であることがわかる．

次に，e_n の値がすべて異なることを示す．もし，$e_1 = e_2$ とすれば $f(z_1) = f(z_2)$ より，$z_1 \equiv z_2 \pmod{M}$ であるか，Abel の定理より，$z_1 + z_2 \equiv 2p \pmod{M}$ でなければならない．ところが
$$z_1 - z_2 = \omega_1 - \omega_2 \notin M, \quad (z_1 + z_2) - 2p = \omega_1 + \omega_2 \notin M$$
より不合理．他のペアについても同様である．したがって，e_n の値はすべて異なる．

さて
$$F(z) = (f - e_1)(f - e_2)(f - e_3)$$
とおけば，$F(z)$ および $\{f'(z)\}^2$ は共に $2\omega_1, 2\omega_2$ なる周期をもち，さらに $F(z)$ は 3 つの 2 位の楕円関数の積であるから 6 位の楕円関数である．また，$f(z)$ の Laurent 展開を微分することにより，$f'(z)$ が 3 位の楕円関数であることがすぐにわかる．したがって，$\{f'(z)\}^2$ は，6 位の楕円関数である．

ここで，命題 1.4 (1) より，方程式 $f(z_1) = e_1$ の解は
$$z \equiv z_1 \quad \text{または} \quad z \equiv 2p - z_1 \pmod{M}$$
すなわち
$$z \equiv p + \omega_1 \quad \text{または} \quad z \equiv p - \omega_1 \pmod{M}$$
の形に表されるが，$p + \omega_1 \equiv p - \omega_1 + 2\omega_1 \equiv p - \omega_1 \pmod{M}$ であるから，方程式 $f(z_1) = e_1$ の解は
$$z \equiv p + \omega_1 \pmod{M}$$
のみである．$f(z_2) = e_2$，$f(z_3) = e_3$ についても同様である．よって，$F(z)$ は 6 位の楕円関数であることと，命題 1.3 (5) より $F(z)$ は $z = z_n$ $(n = 1, 2, 3)$ において 2 位の零点をもつことがわかる．また，先程の議論により $f'(z)$ は $z = z_n$ $(n = 1, 2, 3)$ において 1 位の零点をもつから，$\{f'(z)\}^2$ もこれらの点において 2 位の零点をもつ．さらに，$F(z)$ および $\{f'(z)\}^2$ は同一の周期をもち，かつ共に 6 位の極 $z = p$ をもつから，命題 1.3 (6) より，2 つの関数 $F(z)$ および $\{f'(z)\}^2$ の比は定数である．したがって，$f(z)$ は
$$\{f'(z)\}^2 = C(f - e_1)(f - e_2)(f - e_3)$$
なる微分方程式を満たす．　□

2位の楕円関数のもつ基本的な性質の説明はこれくらいにして，Weierstrassの $\wp$ 関数の説明にうつろう．

定義 1.5. $\mathbb{R}$ 上 1 次独立な複素数 ω_1, ω_2 に対し，$\Omega = 2m\omega_1 + 2n\omega_2$ $(m, n \in \mathbb{Z})$ とする．このとき

$$\wp(z) = \frac{1}{z^2} + \sum_{\substack{m,n \in \mathbb{Z} \\ (m,n) \neq (0,0)}} \left\{ \frac{1}{(z-\Omega)^2} - \frac{1}{\Omega^2} \right\}$$

によって定義される関数 $\wp(z)$ を **Weierstrass の $\wp$ 関数**という．

$\wp(z)$ は，$z = \Omega$ において 2 位の極をもつ有理型関数であり[*6]

$$\wp(z + 2\omega_1) = \wp(z), \quad \wp(z + 2\omega_2) = \wp(z)$$

を満たし，一般に $\wp(z+\Omega) = \wp(z)$ を満たす二重周期関数である．したがって $\wp(z)$ は楕円関数である．

また命題 1.3 (4) より，$\wp(z)$ の導関数 $\wp'(z)$ も楕円関数である．$\wp$ 関数は $\mathbb{R}$ 上 1 次独立な複素数 $2\omega_1, 2\omega_2$ を周期にもつから，$\wp(z)$ のとる値は格子 $L = \{2m\omega_1 + 2n\omega_2 \mid m, n \in \mathbb{Z}\}$ 上の値によって決まる．また容易にわかるように，境界上の点とその反対側にある点の値は等しい．したがって，$\wp$ 関数を格子 L の対辺を貼り合わせてできた集合，すなわち，複素トーラス $\mathbb{C}/L$ 上の関数と考えることができる．

$\wp$ 関数は，次のような微分方程式を満たす．

命題 1.6. $\wp(z)$ は，次の微分方程式を満たす．

$$\{\wp'(z)\}^2 = 4\{\wp(z) - e_1\}\{\wp(z) - e_2\}\{\wp(z) - e_3\}$$

ただし，$e_1 = \wp(\omega_1), e_2 = \wp(\omega_2), e_3 = \wp(\omega_1 + \omega_2)$ である．

証明． $\wp(z)$ は $z = 0$ を含む基本周期平行四辺形内においては $z = 0$ を 2 位の極にもつ．
よって，$\wp'(z)$ の零点は命題 1.4 (4) より

$$z_1 = \omega_1, \quad z_2 = \omega_2, \quad z_3 = \omega_1 + \omega_2$$

したがって

$$\wp'(\omega_1) = 0, \quad \wp'(\omega_2) = 0, \quad \wp'(\omega_1 + \omega_2) = 0$$

ゆえに，$\wp(\omega_1) = e_1, \wp(\omega_2) = e_2, \wp(\omega_1 + \omega_2) = e_3$ とおけば命題 1.4 (4) より $\wp(z)$ は

$$\{\wp'(z)\}^2 = C\{\wp(z) - e_1\}\{\wp(z) - e_2\}\{\wp(z) - e_3\}$$

[*6] 参考文献 [1] 参照．

なる形の微分方程式を満たす．よって

$$\left\{-\frac{2}{z^3} - \sum_{\substack{m,n\in\mathbb{Z} \\ (m,n)\neq(0,0)}} \frac{2}{(z-\Omega)^3}\right\}^2 = C\left\{\frac{1}{z^2} + \sum_{\substack{m,n\in\mathbb{Z} \\ (m,n)\neq(0,0)}} \left\{\frac{1}{(z-\Omega)^2} - \frac{1}{\Omega^2}\right\} - e_1\right\}$$

$$\times \left\{\frac{1}{z^2} + \sum_{\substack{m,n\in\mathbb{Z} \\ (m,n)\neq(0,0)}} \left\{\frac{1}{(z-\Omega)^2} - \frac{1}{\Omega^2}\right\} - e_2\right\}\left\{\frac{1}{z^2} + \sum_{\substack{m,n\in\mathbb{Z} \\ (m,n)\neq(0,0)}} \left\{\frac{1}{(z-\Omega)^2} - \frac{1}{\Omega^2}\right\} - e_3\right\}$$

これは z に関する恒等式であるから，z^{-6} の係数を比較すると $C=4$ を得る． □

命題 1.7. $\wp(z)$ は，次の微分方程式を満たす．

$$\{\wp'(z)\}^2 = 4\{\wp(z)\}^3 - g_2\wp(z) - g_3$$

ここで，g_2, g_3 は ω_1, ω_2 により定まる定数で

$$g_2 = 60\sum_{\substack{m,n\in\mathbb{Z} \\ (m,n)\neq(0,0)}} \frac{1}{\Omega^4}, \quad g_3 = 140\sum_{\substack{m,n\in\mathbb{Z} \\ (m,n)\neq(0,0)}} \frac{1}{\Omega^6}$$

である．

証明． $\wp(z) = \dfrac{1}{z^2} + \sum_{\substack{m,n\in\mathbb{Z} \\ (m,n)\neq(0,0)}} \left\{\dfrac{1}{(z-\Omega)^2} - \dfrac{1}{\Omega^2}\right\}$ であるから，$\wp(z) - \dfrac{1}{z^2}$ は $z=0$ を含む基本周期平行四辺形内で正則である．したがって，$\wp(z) - \dfrac{1}{z^2}$ は $z=0$ を中心として Taylor 展開可能である．実際，幾何級数 $1/(1-x) = 1 + x + x^2 + \cdots$ の両辺を微分して，x に z/Ω を代入すると

$$\frac{1}{(1-z/\Omega)^2} = 1 + 2\frac{z}{\Omega} + 3\left(\frac{z}{\Omega}\right)^2 + 4\left(\frac{z}{\Omega}\right)^3 + \cdots$$

これの両辺から 1 を引いて Ω^2 で割り，和をとることにより次の展開を得る．

$$\wp(z) - \frac{1}{z^2} = \sum_{\substack{m,n\in\mathbb{Z} \\ (m,n)\neq(0,0)}} \left\{\frac{1}{(z-\Omega)^2} - \frac{1}{\Omega^2}\right\}$$

$$= \sum_{\substack{m,n\in\mathbb{Z} \\ (m,n)\neq(0,0)}} \frac{1}{\Omega^2}\left\{2\frac{z}{\Omega} + 3\left(\frac{z}{\Omega}\right)^2 + 4\left(\frac{z}{\Omega}\right)^3 + \cdots\right\}$$

ここで，k が奇数のときは $\sum_{\substack{m,n\in\mathbb{Z} \\ (m,n)\neq(0,0)}} \Omega^{-k} = 0$ であり，この二重級数が絶対収束すること

から

$$\wp(z) - \frac{1}{z^2} = 3z^2 \sum_{\substack{m,n \in \mathbb{Z} \\ (m,n) \neq (0,0)}} \Omega^{-4} + 5z^4 \sum_{\substack{m,n \in \mathbb{Z} \\ (m,n) \neq (0,0)}} \Omega^{-6} + \cdots$$

よって

$$g_2 = 60 \sum_{\substack{m,n \in \mathbb{Z} \\ (m,n) \neq (0,0)}} \Omega^{-4}, \quad g_3 = 140 \sum_{\substack{m,n \in \mathbb{Z} \\ (m,n) \neq (0,0)}} \Omega^{-6}$$

とおけば，$\wp(z)$ と $\wp'(z)$ の展開式

$$\wp(z) = \frac{1}{z^2} + \frac{1}{20}g_2 z^2 + \frac{1}{28}g_3 z^4 + \cdots, \quad \wp'(z) = -\frac{2}{z^3} + \frac{1}{10}g_2 z + \frac{1}{7}g_3 z^3 + \cdots$$

を得る．これら 2 式から

$$\{\wp'(z)\}^2 - 4\{\wp(z)\}^3 + g_2 \wp(z) + g_3 = O(z^2)$$

なる関係式が得られる．

ここで，この関係式の左辺を $f(z)$ とおけば $f(z)$ は周期の等しい楕円関数の和で構成されているからこれは楕円関数である．ところが，$\wp(z), \wp'(z)$ の特異点は $z = \Omega$ 以外に存在しないが，$f(z)$ は $z = \Omega$ で正則であるから $f(z)$ は極をもたない．したがって，$f(z)$ は定数でなければならず，$z \to 0$ とすることによりその定数は 0 であることがわかる．

ゆえに，$f(z) = 0$, すなわち

$$\{\wp'(z)\}^2 = 4\{\wp(z)\}^3 - g_2 \wp(z) - g_3 \qquad \square$$

命題 1.7 より，任意の複素数 z に対して点 $(\wp(z), \wp'(z))$ は曲線 $y^2 = 4x^3 - g_2 x - g_3$ 上の点であることがわかる．さて，この曲線の方程式に見覚えがないだろうか？そう，これは冒頭で紹介した楕円曲線の方程式である．ここで楕円曲線と楕円関数が運命の出会いを果たすのである．

この微分方程式は，与えられた $\wp(z), \wp'(z)$ に対して，それによりパラメータ表示される楕円曲線が存在することを意味するが，驚くべきことにこの逆も成り立つ．すなわち，任意に g_2, g_3 を与えたとき，楕円曲線 $y^2 = 4x^3 - g_2 x - g_3$ をパラメータ表示する $\wp(z)$, $\wp'(z)$ が存在するのである．このことは，後に保型形式の理論を用いて証明することにする．したがって，すべての楕円曲線は楕円関数によってパラメータ表示されるのである．これが，$y^2 = ax^3 + bx^2 + cx + d$ という形で表される曲線が，楕円曲線と呼ばれる理由である．なお，このことは円が三角関数 $f(x) = \sin x$ と $f'(x) = \cos x$ によりパラメータ表示されることの類似とみなすことができる．

また，楕円曲線の方程式の右辺の 3 次式の判別式 Δ は**デルタ関数**と呼ばれる重要な関数であり，本書の後半でも登場するので是非覚えておいてほしい．

定義 1.8. ω_1, ω_2 の関数として, デルタ関数 Δ を

$$\Delta = g_2^3 - 27g_3^2$$

で定義する.

さて, $\wp$ 関数が三角関数と類似の性質をもっているならば, 当然加法定理を満たすことが期待されるが, その期待通り $\wp$ 関数は次のような加法定理を満たす.

定理 1.9. $\wp(x) \neq \wp(y)$ を満たす任意の複素数 x, y に対して

$$\wp(x+y) = \frac{1}{4}\left\{\frac{\wp'(x) - \wp'(y)}{\wp(x) - \wp(y)}\right\}^2 - \wp(x) - \wp(y)$$

が成り立つ. これを $\wp$ **関数の加法定理**という.

証明. $\wp(x) \neq \wp(y)$ のとき, $\wp'(x) = u\wp(x) + v$, $\wp'(y) = u\wp(y) + v$ とおけば

$$u = \frac{\wp'(x) - \wp'(y)}{\wp(x) - \wp(y)}$$

今, $u\wp(z) + v - \wp'(z)$ を z の関数と考えれば, これは $z = 0$ において, 3 位の極をもつから, 零点の位数の和は 3 である. $z = x, z = y$ はその零点であり, 残りの零点は Abel の定理より $-(x+y)$ と, $\mod M$ で等しい点であるから, $\{\wp'(z)\}^2 - \{u\wp(z) + v\}^2$ は $z = x, z = y, z = -(x+y)$ のとき 0 となる.

したがって

$$\{\wp'(z)\}^2 - \{u\wp(z) + v\}^2 = 4\{\wp(z)\}^3 - g_2\wp(z) - g_3 - \{u\wp(z) + v\}^2$$
$$= 4\{\wp(z)\}^3 - u^2\{\wp(z)\}^2 - (2uv + g_2)\wp(z) - (v^2 + g_3)$$

は, $\wp(z) = \wp(x), \wp(z) = \wp(y), \wp(z) = \wp(-x-y) = \wp(x+y)$ のとき, 0 となる.

ゆえに, 根と係数の関係より

$$\wp(x) + \wp(y) + \wp(x+y) = \frac{1}{4}u^2$$

よって

$$\wp(x+y) = \frac{1}{4}\left\{\frac{\wp'(x) - \wp'(y)}{\wp(x) - \wp(y)}\right\}^2 - \wp(x) - \wp(y) \qquad \square$$

なお, $\wp$ 関数の加法定理において, $y \to x$ の極限をとることにより, 次の式を得る.

$$\wp(2x) = \frac{1}{4}\left\{\frac{\wp''(x)}{\wp'(x)}\right\}^2 - 2\wp(x)$$

これはいうまでもなく三角関数の 2 倍角の公式に相当するものである.

2 有理数体上の楕円曲線

　楕円曲線は代数学とは無縁の単なる曲線であるにもかかわらず,おもしろいことに群構造をもち,しかもそれは $\mathbb{Q}$ 上では有限生成 Abel 群になる.本書では詳しく述べないが,楕円曲線のもつ群構造の理論を用いた楕円曲線暗号なるものが存在し,インターネットなどで幅広く利用されている.楕円曲線は,今や数学業界のみならず,実社会においてもなくてはならない存在なのである. $y = ax^3 + bx^2 + cx + d$ という方程式で表される曲線は高校生でもよく知っている単純な曲線であるが,左辺の y を y^2 に変えただけで,様々な数学の神秘が詰まった曲線に変貌してしまうのだから数学とは不思議なものである.
　この節では楕円曲線の群構造について述べ,さらにこの群が有限生成 Abel 群である,ということを主張する Mordell の定理の証明について述べる.

2.1 有理数体上の楕円曲線の群構造

　$\mathbb{Q}$ 上で定義された楕円曲線 E の有理点全体の集合に無限遠点 O を付け加えた集合を $E(\mathbb{Q})$ とおく.すなわち

$$E(\mathbb{Q}) = \{(x,y) \in \mathbb{Q} \times \mathbb{Q} \mid y^2 = ax^3 + bx^2 + cx + d\} \cup \{O\}$$

とする.このとき,有理点 $P, Q \in E(\mathbb{Q})$ に対し,和 $P + Q$ を次の (i), (ii), (iii) により定義する.

(i) 　O は単位元である.
(ii) 　$P \in E(\mathbb{Q}), P \neq O$ のとき, P の座標を (x,y) とすると, P の逆元は $(x,-y)$ である.
(iii) 　$P, Q \in E(\mathbb{Q}), P \neq O, Q \neq O$ のとき, P と Q を結ぶ直線と,この楕円曲線との第 3 の交点を $R(x,y)$ とすると,点 $(x,-y) \in E(\mathbb{Q})$ が $P + Q$ である. $P = O$ のときは $O + Q = Q$, $Q = O$ のときは $P + O = P$ と定義する.また $P = Q$ のときは P と Q を結ぶ直線とは, P における楕円曲線の接線のことと解釈する.

　例えば,楕円曲線 $y^2 = x^3 + 1$ 上の有理点 $P = (-1, 0), Q = (0, 1)$ に対して $P + Q$ を

計算すると, $P + Q = (2, -3)$ となる.

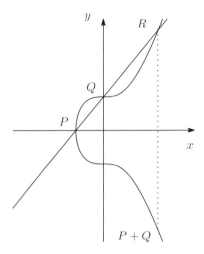

さて, 先程定義した楕円曲線の有理点の加法について, $E(\mathbb{Q})$ が Abel 群をなすためには, 結合法則

$$\text{任意の } P, Q, R \in E(\mathbb{Q}) \text{ に対し}, P + (Q + R) = (P + Q) + R$$

が成り立たなければならない.

先程述べたように, 任意の複素数 z に対して点 $(\wp(z), \wp'(z))$ は楕円曲線 $y^2 = 4x^3 - g_2 x - g_3$ 上の点であり, 逆に任意に g_2, g_3 を与えたとき, 楕円曲線 $y^2 = 4x^3 - g_2 x - g_3$ をパラメータ表示する $\wp(z), \wp'(z)$ が存在する.

ところで, g_2, g_3 は格子 L によって決まる複素定数であるから, したがって楕円曲線も格子 L を与えるごとに決まることになる. そして, 先程述べたように格子 L によって決まる $\wp(z), \wp'(z)$ は複素トーラス $\mathbb{C}/L$ 上の関数であるから, 複素トーラス $\mathbb{C}/L$ と楕円曲線 E について次のことがいえる.

命題 2.1. 次の対応は同型である.

$$\phi \colon \mathbb{C}/L \longrightarrow E$$
$$z \longmapsto (\wp(z), \wp'(z))$$

このことは, 楕円曲線が $\mathbb{C}$ 上では多様体として複素トーラス $\mathbb{C}/L$ と同型であることを示している. つまり, 楕円曲線のグラフは $\mathbb{R}$ 上では先程の図のような形をしているが, $\mathbb{C}$ 上ではトーラスの形をしているということである.

複素トーラス $\mathbb{C}/L$ には自然に可換群の構造が入るが, この群構造を同型写像 ϕ でうつすことにより楕円曲線 $\phi(\mathbb{C}/L)$ の群構造が導かれる. この群演算が先程述べた楕円曲線上

の有理点に定められた加法であり，この加法は $\wp$ 関数の加法定理に対応するものである．このことから，与えられた z に対する点 $(\wp(z), \wp'(z))$ を $P(z)$ とかくことにすると

$$P(z_1 + z_2) = P(z_1) + P(z_2)$$

が成り立つことがわかる．

ところで，複素数については結合法則

$$z_1 + (z_2 + z_3) = (z_1 + z_2) + z_3$$

は明らかに成り立つから，$E(\mathbb{Q})$ の元に定められた加法は結合法則を満たすことがわかる．したがって，$E(\mathbb{Q})$ は先程定義した加法について Abel 群をなす．

2.2 Mordell の定理

定理 2.2. (Mordell の定理) [7] $E(\mathbb{Q})$ は有限生成 Abel 群である．

Mordell の定理は，$\mathbb{Q}$ 上の楕円曲線 E に対して，ある有理点 $P_1, P_2, \cdots, P_s \in E(\mathbb{Q})$ が存在して，E 上のすべての有理点 P が

$$P = n_1 P_1 + n_2 P_2 + \cdots\cdots + n_s P_s \ (n_1, \cdots, n_s \in \mathbb{Z})$$

という形に表すことができる，ということを主張している．しかし，肝心の基底 $P_1, P_2, \cdots, P_s$ の求め方については何も言及していない，いわゆる存在定理である．一般に，与えられた楕円曲線に対し，この基底を求めることは非常に難しい．

一見すると，楕円曲線とは無関係な問題も，同値な言い換えを繰り返していくことで楕円曲線上の有理点の問題に帰着できることも少なくない．後に述べる合同数問題や Fermat の最終定理もその一例である．したがって，楕円曲線上の有理点の構造を調べることは非常に重要なことであり，楕円曲線上のすべての有理点が，あらかじめ適当に選んだ有理点の整数係数の 1 次結合で表現できると主張している Mordell の定理は，楕円曲線論の基本定理 (fundamental theorem) と呼ぶべき極めて重要な定理である．

Abel 群の基本定理により，有限生成 Abel 群は

$$\mathbb{Z}^{\oplus r} \oplus 有限 \text{Abel} 群 \ (r \geq 0)$$

と同型である．このときの r を楕円曲線の **rank**(ランク) と呼ぶ．「有限 Abel 群」の部分，すなわち $E(\mathbb{Q})$ の有限位数の元全体からなる部分群については，それが必ず次の (i), (ii) のいずれかの群と同型になることが知られている．[8]

---

[7] 1922 年に Mordell によって証明された定理である．Mordell の定理は，後に Weil によって，Abel 多様体の場合でも，同様の有限性が示された．

[8] 1977 年に Mazur(メイザー) が証明した．

(i)　$\mathbb{Z}/n\mathbb{Z}$ $(1 \leqq n \leqq 10$ または $n = 12)$　　(ii)　$\mathbb{Z}/2n\mathbb{Z} \oplus \mathbb{Z}/2\mathbb{Z}$ $(1 \leqq n \leqq 4)$

例えば，楕円曲線 $E : y^2 = x^3 + 1$ において $P = (2, 3)$ とおけば，$2P = (0, 1)$, $3P = (-1, 0)$, $4P = (0, -1)$, $5P = (2, -3)$, $6P = O$ であることが，加法の定義から計算によって，あるいは先程のグラフから視覚的にわかる．実は，楕円曲線 E 上に存在する有理点はこの 5 つ (無限遠点もカウントすると 6 つ) しかないことが知られている．したがって，$E(\mathbb{Q})$ は群として $\mathbb{Z}/6\mathbb{Z}$ と同型であるから楕円曲線 E の rank は 0 である．

また，楕円曲線 $E : y^2 = x^3 - 4$ は無限個の有理点をもち，$P = (2, 2)$ とおくと，$2P = (5, -11), 3P = (106/9, 1090/27), \cdots$ と E 上のすべての有理点が P の「整数倍」で表されることが知られている．したがって，$E(\mathbb{Q})$ は群として $\mathbb{Z}$ と同型であるから楕円曲線 E の rank は 1 である．

rank の定義から，$\mathbb{Q}$ 上の楕円曲線 E が有理点を無限にもつことと，その rank が 0 よりも大きいことは同値であることがただちにわかる．しかし，与えられた楕円曲線の rank を求める一般的な方法についてはまだわかっていない．つまり，与えられた楕円曲線が有理点を有限個しかもたないか無限にもつか判定することは大変困難なのである．しかし整数点，つまり，x 座標と y 座標がともに整数であるような点については，有限個しかもたないことが知られている．[*9]

以下，Mordell の定理の証明について述べる．Mordell の定理を証明するにあたって，有理数に対し「高さ」の概念を導入する．

定義 2.3. 有理数 q を $q = \dfrac{m}{n}, (m, n) = 1$ と表したとき，その高さ $H(q)$ を

$$H(q) = \max(|m|, |n|)$$

と定義する．

この定義を用いて楕円曲線 E 上の有理点に対し，その「高さ」を次のように定義する．

定義 2.4. E を $\mathbb{Q}$ 上の楕円曲線とする．$P = (a, b) \in E(\mathbb{Q})$ に対し，その高さ $H(P)$ を

$$H(P) = H(a) \ (P \neq O), \quad H(O) = 1 \ (P = O)$$

と定義する．

Mordell の定理は次の 2 つのことを用いることにより証明される．
① **(弱 Mordell の定理)**　$E(\mathbb{Q})/2E(\mathbb{Q})$ は有限群である．
② $(E(\mathbb{Q})$ の点の高さの性質) 次の条件 (1), (2) を満たす正の実数 C が存在する．

[*9] より詳しく述べると，「種数が 1 以上の代数曲線は整数点を有限個しかもたない．」これは 1929 年に Siegel (ジーゲル) が証明したものであるが，もっと一般に次のことが成り立つ．「種数が 2 以上の代数曲線は有理点を有限個しかもたない．」これは Mordell 予想と呼ばれ，Mordell が Mordell の定理を証明した論文の末尾に述べたものであり，1983 年に Faltings (ファルティングス) よって証明された．

(1) 任意の $P \in E(\mathbb{Q})$ に対し, $C \cdot H(2P) \geqq H(P)^4$
(2) 任意の $P, Q \in E(\mathbb{Q})$ に対し, $C \cdot H(P)H(Q) \geqq \min(H(P+Q), H(P-Q))$

2.3 弱 Mordell の定理

ここでは, 楕円曲線 $y^2 = F(x)$, ただし, $F(x) = x^3 + Ax + B, 4A^3 + 27B^2 \neq 0$ の有理点のなす群 $E(\mathbb{Q})$ に対し, 弱 Mordell の定理を証明する. 弱 Mordell の定理を証明するにあたって, 以下では可換環

$$\mathbb{Q}[\Theta] = \mathbb{Q}[T]/F(T)$$

上で考える. ただし, 写像 $\mathbb{Q}[T] \longrightarrow \mathbb{Q}[T]/F(T)$ による変数 T の像を Θ とした.

$\xi, \alpha \in \mathbb{Q}[\Theta]$ に対して, $\mathbb{Q}[\Theta]$ から $\mathbb{Q}[\Theta]$ への写像

$$\varphi \colon \xi \longmapsto \alpha \xi$$

を考える.

$\mathbb{Q}[\Theta]$ を $\mathbb{Q}$ 上のベクトル空間とみなせば写像 φ は線形写像であるから, 任意の $\alpha \in \mathbb{Q}[\Theta]$ に対して写像 φ に対応するある行列が存在する. その行列の行列式を $N(\alpha)$ とかくことにし, これを α のノルムと呼ぶ. すると, 線形写像の合成を考えることにより

$$N(\alpha\beta) = N(\alpha)N(\beta)$$

が成り立つことがわかる. $N(\alpha) \neq 0$, すなわち α に対応する行列が逆行列をもつときに限り α は可逆である.

また, $a \in \mathbb{Q}$ に対して, $\alpha = a - \Theta$ とすると

$$\varphi(1, \Theta, \Theta^2) = (a - \Theta, a\Theta - \Theta^2, a\Theta^2 + A\Theta + B) = (1, \Theta, \Theta^2)\begin{pmatrix} a & -1 & 0 \\ 0 & a & -1 \\ B & A & a \end{pmatrix}$$

であるから

$$N(a - \Theta) = \begin{vmatrix} a & -1 & 0 \\ 0 & a & -1 \\ B & A & a \end{vmatrix} = a^3 + Aa + B = F(a)$$

すなわち

$$N(a - \Theta) = F(a)$$

$\mathbb{Q}[\Theta]^*$ で $\mathbb{Q}[\Theta]$ の可逆な元全体のなす乗法群を表すものとする. そして, 部分群

$$M \subset \mathbb{Q}[\Theta]^*/(\mathbb{Q}[\Theta]^*)^2$$

を $N(\alpha) \in (\mathbb{Q}^*)^2$ を満たす元全体からなるものとし, 写像
$$\mu\colon E(\mathbb{Q}) \longrightarrow M$$
で, 次のような性質をもつものを考える.
(i) $\mu(\mathbf{o}) = 1(\mathbb{Q}[\Theta]^*)^2$
(ii) $\mathbf{a} = (a,b) \in E(\mathbb{Q}), b \neq 0$ のとき
$$\mu(\mathbf{a}) = (a - \Theta)(\mathbb{Q}[\Theta]^*)^2$$
(iii) $\mathbf{a} = (a,0)$ のとき, $F(a) = 0$ であるから, $\mathbb{Q}[\Theta]$ は, 写像 $\Theta \longmapsto a$ からもたらされる $\mathbb{Q}$ と同型な直和因子をもつ. この直和因子では $a - \Theta$ は 0 となるので, この成分を $(\mathbb{Q}^*)^2$ の適当な元に置き換えたものを $\mu(\mathbf{a})$ とする. [*10]

このとき, 次の 2 つの補題が成り立つ.

補題 2.5. 写像 μ は群準同型となる. [*11]

証明. $\mathbf{a}_j = (a_j, b_j) \in E(\mathbb{Q})$ $(j = 1, 2, 3)$ を
$$\mathbf{a}_1 + \mathbf{a}_2 + \mathbf{a}_3 = \mathbf{o}$$
を満たすようにとる. つまり, これらはある直線 $Y = lX + m$ $(l, m \in \mathbb{Q})$ 上にあるとする. このとき, a_1, a_2, a_3 は, この直線と楕円曲線 E の交点の x 座標であるから
$$F(X) - (lX + m)^2 = (X - a_1)(X - a_2)(X - a_3)$$
X を Θ に置き換えると, $F(\Theta) - (l\Theta + m)^2 = (\Theta - a_1)(\Theta - a_2)(\Theta - a_3)$ となり, $\mathbb{Q}[\Theta]$ の中では $F(\Theta) = 0$ であるから
$$(a_1 - \Theta)(a_2 - \Theta)(a_3 - \Theta) = (l\Theta + m)^2$$
を得る. ここで, $F(X)$ の有理数の根は, 0, 1, 3 個のいずれかであることに注意して, a_j が $F(X)$ の根である場合とそうでない場合に分けて考える.
(i) a_j $(j = 1, 2, 3)$ がいずれも $F(X)$ の根でないとき
  この場合, 各 $j = 1, 2, 3$ に対して, $\mu(\mathbf{a}_j) = (a_j - \Theta)(\mathbb{Q}[\Theta]^*)^2$ であるから
$$\mu(\mathbf{a}_1)\mu(\mathbf{a}_2)\mu(\mathbf{a}_1 + \mathbf{a}_2) = \mu(\mathbf{a}_1)\mu(\mathbf{a}_2)\mu(\mathbf{a}_3) = (a_1 - \Theta)(a_2 - \Theta)(a_3 - \Theta) = (l\Theta + m)^2$$
よって, 補題 2.5 は成り立つ.
(ii) a_j $(j = 1, 2, 3)$ のうち, ただ 1 つが $F(x)$ の根であるとき

[*10] $q \in \mathbb{Q}^*$ に対し, $N(q^2) = (q^3)^2$ であるから, $(\mathbb{Q}^*)^2$ の元は M に含まれることがわかる.
[*11] 補題 2.5 は, 写像 μ の定義中の (iii) における直和因子での成分をうまく選ぶことで, 写像 μ を群準同型写像に出来るという意味である. よって, 以下そのように選ぶことにする.

今, a_1 が $F(x)$ の根であるとする. K_1 を $\Theta \longmapsto a_1$ により得られる $\mathbb{Q}$ と同型な体とする. このとき, $F(x)$ が a_1 以外の有理数の根をもたないとき, $\mathbb{Q}[\Theta]$ は $K_1 \oplus K_2$ と直和分解され, $F(x)$ が a_1 以外に a_2, a_3 でない有理数の根を 2 つもつとき, $K_1 \oplus K_2 \oplus K_3$ と直和分解される. $\mathbb{Q}[\Theta]$ が $K_1 \oplus K_2$ と直和分解されるとき, 各 $\mathbf{a}_j$ は写像

$$\mu \colon E(\mathbb{Q}) \longrightarrow K_1^*/(K_1^*)^2 \times K_2^*/(K_2^*)^2$$

により, それぞれ次のようにうつされる. ただし, $q \in \mathbb{Q}$ である.

$$\mathbf{a}_1 \longmapsto (q^2, (a_1 - \Theta)(K_2^*)^2)$$
$$\mathbf{a}_2 \longmapsto ((a_2 - \Theta)(K_1^*)^2, (a_2 - \Theta)(K_2^*)^2)$$
$$\mathbf{a}_3 \longmapsto ((a_3 - \Theta)(K_1^*)^2, (a_3 - \Theta)(K_2^*)^2)$$

よって, K_2 成分では (i) のときと同様の議論で補題 2.5 が成り立つことがわかる. K_1 成分では, q^2 の $\mathbb{Q}[\Theta]$ でのノルムが平方数であるから, この場合も (i) と同様の議論で補題 2.5 が成り立つことがわかる. a_2, a_3 が $F(x)$ の根となる場合や, $\mathbb{Q}[\Theta]$ が $K_1 \oplus K_2 \oplus K_3$ と直和分解される場合も同様である.

(iii)　$a_j \ (j = 1, 2, 3)$ がすべて $F(x)$ の根であるとき

この場合, K_j を $\Theta \longmapsto a_j$ により得られる直和因子とすると, $\mathbb{Q}[\Theta]$ は $K_1 \oplus K_2 \oplus K_3$ と直和分解される. このとき, 写像

$$\mu \colon E(\mathbb{Q}) \longrightarrow K_1^*/(K_1^*)^2 \times K_2^*/(K_2^*)^2 \times K_3^*/(K_3^*)^2$$

により $\mathbf{a}_j$ をうつしたとき, 各 $a_j - \Theta$ が 0 となるような成分での値を, 例えば $\Theta - a_1$ の K_2, K_3 成分での値が, それぞれ $a_2 - a_1, a_3 - a_1$ となることから, 次のように定める.

$$\mathbf{a}_1 \longmapsto ((a_2 - a_1)(a_3 - a_1)(\mathbb{Q}^*)^2, (a_2 - a_1)(\mathbb{Q}^*)^2, (a_3 - a_1)(\mathbb{Q}^*)^2)$$
$$\mathbf{a}_2 \longmapsto ((a_2 - a_1)(\mathbb{Q}^*)^2, (a_2 - a_1)(a_2 - a_3)(\mathbb{Q}^*)^2, (a_2 - a_3)(\mathbb{Q}^*)^2)$$
$$\mathbf{a}_3 \longmapsto ((a_3 - a_1)(\mathbb{Q}^*)^2, (a_3 - a_2)(\mathbb{Q}^*)^2, (a_3 - a_1)(a_3 - a_2)(\mathbb{Q}^*)^2)$$

このように定めることにより, 各 K_j 成分に対して, 補題 2.5 が成り立つことがわかる.

以上より, (i), (ii), (iii) のいずれの場合でも補題 2.5 が成り立つことが示された.

□

補題 2.6. μ の核は $2E(\mathbb{Q})$ と等しい.

証明. M の各元の位数は 2 であるから

$$2E(\mathbb{Q}) \subset \ker \mu$$

次に, $\ker \mu \subset 2E(\mathbb{Q})$ を示す. $\mathbf{a} = (a, b) \in E(\mathbb{Q})$ に対して, $(a, b) \in \ker \mu$ と仮定する. μ の定義から

$$\mu(\mathbf{a}) = (a - \Theta)(\mathbb{Q}[\Theta]^*)^2 \ (b \neq 0), \quad \mu(\mathbf{a}) = (q^2, (a - \Theta)(\mathbb{Q}[\Theta]^*)^2) \ (b = 0, q \in \mathbb{Q})$$

ただし, $b=0$ のときの第1成分は, $\Theta \longmapsto a$ により得られる $\mathbb{Q}$ と同型な体による直和分解とする. これより, $(a,b) \in \ker \mu$ ならば, $1, \Theta, \Theta^2$ は $\mathbb{Q}[\Theta]$ を $\mathbb{Q}$ 上のベクトル空間とみなしたときの基底であるから
$$a - \Theta = (p_2\Theta^2 + p_1\Theta + p_0)^2$$
を満たす $p_0, p_1, p_2 \in \mathbb{Q}$ が存在する. ここで, $p_2 = 0$ とすると
$$a - \Theta = (p_1\Theta + p_0)^2 = p_1^2\Theta^2 + 2p_0p_1\Theta + p_0^2$$
よって
$$p_1^2 = 0, \quad 2p_0p_1 = -1, \quad p_0^2 = a$$
となるから不合理. したがって, $p_2 \neq 0$ としてよい. さらに
$$(s_1\Theta + s_0)(p_2\Theta^2 + p_1\Theta + p_0)$$
$$= (s_1p_1 + s_0p_2)\Theta^2 + (s_1p_0 + s_0p_1 - s_1p_2A)\Theta + s_0p_0 - s_1p_2B$$
において
$$s_1p_1 + s_0p_2 = 0, \quad s_1p_0 + s_0p_1 - s_1p_2A = r_1, \quad s_0p_0 - s_1p_2B = r_0$$
とおけば, これらの関係式を満たす有理数 s_0, s_1, r_0, r_1 によって
$$(s_1\Theta + s_0)(p_2\Theta^2 + p_1\Theta + p_0) = r_1\Theta + r_0$$
とかける. ここで, $s_1 = 0, s_0 \neq 0$ と仮定すると $p_2 = 0$ となるので, 一般性を失うことなく $s_1 = -1$ としてよい. このとき, $(s_0 - \Theta)^2(p_2\Theta^2 + p_1\Theta + p_0)^2 = (r_1\Theta + r_0)^2$ であるから
$$(s_0 - \Theta)^2(a - \Theta) = (r_1\Theta + r_0)^2$$
Θ を変数 x で置き換えると, x^3 の係数は 1 であるから
$$F(x) = (r_1x + r_0) - (s_0 - x)^2(a - x)$$
したがって, 直線 $y = r_1x + r_0$ は曲線 $y^2 = F(x)$ に点 $(s_0, F(s_0))$ で接し, かつもう1点 (a,b) または $(a,-b)$ と交わるから, $(a,b) \in 2E(\mathbb{Q})$, すなわち $\ker\mu \subset 2E(\mathbb{Q})$ である. □

これより, 補題 2.5, 補題 2.6 を用いて弱 Mordell の定理を証明する.

定理 2.7. (弱 Mordell の定理) $E(\mathbb{Q})/2E(\mathbb{Q})$ は有限群である.

証明. 補題 2.5 より, 写像 $\mu\colon E(\mathbb{Q}) \longrightarrow M$ は群準同型となる. さらに補題 2.6 より, 写像 μ の核は $2E(\mathbb{Q})$ に等しい. したがって, 群準同型定理より

$$E(\mathbb{Q})/2E(\mathbb{Q}) \cong \mathrm{Im}(\mu)$$

したがって, 写像 μ の像 $\mathrm{Im}(\mu)$ が有限であることを示せばよい.

$y^2 = F(x) = x^3 + Ax + B$ において, $A, B \in \mathbb{Z}$ としても一般性を失わない. $\mathbf{x} = (x,y) \in E(\mathbb{Q})$ とする. このとき, $y^2 = F(x)$ より $s, t, r \in \mathbb{Z}$ を

$$x = \frac{r}{t^2}, \quad y = \frac{s}{t^3} \ (r,t)=1, (s,t)=1 \text{ かつ } s^2 = r^3 + Art^4 + Bt^6$$

を満たすようにとれる.

さて, $F(x) = 0$ の解を $\varepsilon_j \in \overline{\mathbb{Q}}\ (j=1,2,3)$ とおく. ただし, $\overline{\mathbb{Q}}$ は $\mathbb{Q}$ の代数的閉包を表す. このとき

$$s^2 = (r - \varepsilon_1 t^2)(r - \varepsilon_2 t^2)(r - \varepsilon_3 t^2)$$

以下, 体 $K = \mathbb{Q}(\varepsilon_1, \varepsilon_2, \varepsilon_3)$ 上で考える. このとき, イデアル $[r - \varepsilon_1 t^2, r - \varepsilon_2 t^2]$ において

$$(r - \varepsilon_2 t^2) - (r - \varepsilon_1 t^2) = (\varepsilon_1 - \varepsilon_2) t^2 \in [r - \varepsilon_1 t^2, r - \varepsilon_2 t^2]$$
$$\varepsilon_1(r - \varepsilon_2 t^2) - \varepsilon_2(r - \varepsilon_1 t^2) = (\varepsilon_1 - \varepsilon_2) r \in [r - \varepsilon_1 t^2, r - \varepsilon_2 t^2]$$

であり, r と t^2 は互いに素であるから, イデアル $[r - \varepsilon_1 t^2, r - \varepsilon_2 t^2]$ は $\varepsilon_1 - \varepsilon_2$ を割る. 他のペアについても同様である. したがって, 単項イデアル $[r - \varepsilon_j t^2]$ を

$$r - \varepsilon_j t^2 = \delta_j \lambda_j^2 \quad (j=1,2,3)$$

とかいたとき, δ_j は

$$\delta_j \mid (\varepsilon_1 - \varepsilon_2)(\varepsilon_2 - \varepsilon_3)(\varepsilon_3 - \varepsilon_1) \text{ かつ} \delta_1 \delta_2 \delta_3 \text{は平方元}$$

を満たす.

類数の有限性と単数群が有限生成であることから[*12] $\delta_j, \lambda_j \in \mathbb{Q}(\varepsilon_j)$ かつ, $\{\delta_1, \delta_2, \delta_3\}$ は有限集合からとり出したものである. したがって, μ の像 $\mathrm{Im}(\mu)$ が有限であることが示された. □

[*12] これらは代数的整数論の重要な結果であるがここでは詳しく述べない. 興味のある方は参考文献 [3] などを読まれることをお勧めする.

2.4　$E(\mathbb{Q})$ の点の高さの性質

次に, $E(\mathbb{Q})$ の点の高さの性質について証明する.

命題 2.8. 任意の $P \in E(\mathbb{Q})$ に対し $C \cdot H(2P) \geqq H(P)^4$ を満たす, 正の実数 C が存在する.

E を $\mathbb{Q}$ 上の楕円曲線とし, その方程式を $y^2 = ax^3 + bx^2 + cx + d$ とする.
$2P \neq O$ なる, すべての $P \in E(\mathbb{Q})$ について
$$C \cdot H(2P) \geqq H(P)^4$$
を満たすような正の実数 C を見つければよい. すると, C' をこの C よりも大きく, かつ $2P = O$ なるすべての $P \in E(\mathbb{Q})$ に対して $H(P)^4$ よりも大きい実数とすれば, 命題 2.8 が示されたことになる.

多項式 $f(T), g(T)$ を
$$f(T) = aT^3 + bT^2 + cT + d, \quad g(T) = \frac{1}{4a}(a^2 T^4 - 2acT^2 - 8adT + c^2 - 4bd)$$
で定義する. $P \in E(\mathbb{Q})$ に対し, $P = (x_1, y_1)$ $(y_1 \neq 0)$ とするとき, $2P \neq O$ であり, $2P$ を計算すると

$$2P = \left(\frac{1}{4ay_1^2}(a^2 x_1^4 - 2acx_1^2 - 8adx_1 + c^2 - 4bd), \frac{1}{8ay_1^3}\{a^3 x_1^6 + 2a^2 bx_1^5 + 5a^2 cx_1^4 \right.$$
$$\left. + 20a^2 dx_1^3 + (20abd - 5ac^2)x_1^2 + (8b^2 d - 2bc^2 - 4acd)x_1 + (4bcd - 8ad^2 - c^3)\} \right) \quad (1)$$

であるから, $2P$ の x 座標は $\frac{g(x)}{f(x)}$ で与えられる. また
$$g(T) = \frac{1}{4a} f'(T)^2 - \left(2T + \frac{b}{a}\right) f(T)$$
であり, $f(T)$ は重根をもたないから $f'(T)$ と $f(T)$ は共通因数をもたない.

よって, $f'(T)$ と $f(T)$ は多項式として互いに素であり, これより $f(T)$ と $g(T)$ も多項式として互いに素である. したがって, 命題 2.8 を示すには次の補題 2.9 を示せばよい.

補題 2.9. $f(T), g(T)$ を $\mathbb{Q}$ 上の互いに素な多項式とし, $d = \max(\deg f(T), \deg g(T))$ とする. このとき, $f(x) \neq 0$ なるすべての有理数 x に対して
$$H(x)^d \leqq C \cdot H\left(\frac{g(x)}{f(x)}\right)$$
を満たす正の実数 C が存在する.

証明. $f(T)$, $g(T)$ に 0 でない同じ整数を掛けることにより, $f(T)$, $g(T)$ は整数係数の多項式としてよい.

まず, R を 0 でない整数, e を 0 以上の整数とするとき, 整数係数の多項式 $c_j(T)$ ($j = 1, 2, 3, 4$) で, どの j についても $c_j(T)$ の次数は e 以下であり, かつ

$$\begin{cases} c_1(T)f(T) + c_2(T)g(T) = R \\ c_3(T)f(T) + c_4(T)g(T) = RT^{d+e} \end{cases} \tag{2}$$

を満たすものが存在することを示す.

$f(T)$ と $g(T)$ は多項式として互いに素であるから

$$u_1(T)f(T) + u_2(T)g(T) = 1$$

なる $\mathbb{Q}$ 上の多項式 $u_1(T), u_2(T)$ が存在する. また, $f(T)$ と $g(T)$ は互いに素であるから

$$f\left(\frac{1}{T}\right)T^d, \quad g\left(\frac{1}{T}\right)T^d$$

も, それぞれ $\mathbb{Q}$ 上互いに素な多項式である. したがって

$$v_1(T)f\left(\frac{1}{T}\right)T^d + v_2(T)g\left(\frac{1}{T}\right)T^d = 1$$

なる $\mathbb{Q}$ 上の多項式 $v_1(T), v_2(T)$ が存在する. さらに, e を

$$\max(\deg u_1(T), \deg u_2(T), \deg v_1(T), \deg v_2(T)) \leqq e$$

を満たす整数とし, R を $Ru_i(T)$, $Rv_i(T)$ ($i = 1, 2$) がいずれも整数係数となるような 0 でない整数とする.

このとき

$$c_1(T) = Ru_1(T), \quad c_2(T) = Ru_2(T),$$
$$c_3(T) = Rv_1\left(\frac{1}{T}\right)T^e, \quad c_4(T) = Rv_2\left(\frac{1}{T}\right)T^e$$

とおけば, $c_j(T)$ ($j = 1, 2, 3, 4$) は整数係数の多項式で, $\deg c_j(T) \leqq e$ であり, かつ (2) を満たす.

次に, $c_j(T)$ ($j = 1, 2, 3, 4$) の係数の絶対値の中で最大のものの $2(e+1)$ 倍を C とおく. このとき, $f(x) \neq 0$ なる $x \in \mathbb{Q}$ に対し

$$H(x)^d \leqq C \cdot H\left(\frac{g(x)}{f(x)}\right)$$

が成り立つことを示す.

$x = \dfrac{m}{n}$, $(m, n) = 1$ とし

$$f(T) = \sum_{i=0}^{d} a_i T^i, \quad g(T) = \sum_{i=0}^{d} b_i T^i, \quad c_j(T) = \sum_{i=0}^{e} c_{ij} T^i$$

とおく．このとき

$$f(x)n^d = \sum_{i=0}^{d} a_i m^i n^{d-i}, \quad g(x)n^d = \sum_{i=0}^{d} b_i m^i n^{d-i}, \quad c_j(x)n^e = \sum_{i=0}^{e} c_{ij} m^i n^{e-i}$$

はいずれも整数であり，(2) より

$$\begin{cases} (c_1(x)n^e)(f(x)n^d) + (c_2(x)n^e)(g(x)n^d) = Rn^{d+e} \\ (c_3(x)n^e)(f(x)n^d) + (c_4(x)n^e)(g(x)n^d) = Rm^{d+e} \end{cases} \quad (3)$$

とかける．

(3) より，$f(x)n^d$ と $g(x)n^d$ の最大公約数を G とすると，G は Rn^{d+e} と Rm^{d+e} を割り切り，かつ $(m,n)=1$ であるから R を割り切る．よって，$|R| \geqq |G|$．

このことと

$$\frac{g(x)}{f(x)} = \frac{g(x)n^d}{f(x)n^d}$$

であることから

$$H\left(\frac{g(x)}{f(x)}\right) = |G^{-1}| \max(|f(x)n^d|, |g(x)n^d|) \geqq R^{-1} \max(|f(x)n^d|, |g(x)n^d|) \quad (4)$$

一方，$c_j(x)n^e$ について

$$|c_j(x)n^e| = \left|\sum_{i=0}^{e} c_{ij} m^i n^{e-j}\right|$$

$$\leqq \max|c_{ij}|(|n^e| + |mn^{e-1}| + \cdots + |m^e|)$$

$$\leqq \max|c_{ij}|(e+1)H(x)^e$$

$$= \frac{C}{2(e+1)} \cdot (e+1)H(x)^e \quad (C = \max|c_{ij}| \cdot 2(e+1) \text{ より})$$

$$= 2^{-1} C \cdot H(x)^e$$

したがって

$$|c_{ij}(x)n^e| \leqq 2^{-1} C \cdot H(x)^e$$

このことと，(3) より

$$R \cdot H(x)^{d+e} = R \max(|m|^{d+e}, |n|^{d+e})$$
$$\leqq \max(|c_1(x)n^e||f(x)n^d| + |c_2(x)n^e||g(x)n^d|, |c_3(x)n^e||f(x)n^d| + |c_4(x)n^e||g(x)n^d|)$$
$$\leqq 2^{-1} C \cdot H(x)^e (|f(x)n^d| + |g(x)n^d|)$$
$$\leqq C \cdot H(x)^e \max(|f(x)n^d|, |g(x)n^d|)$$

ゆえに
$$H(x)^d \leqq R^{-1}C \cdot \max(|f(x)n^d|, |g(x)n^d|) \qquad (5)$$

よって, (4), (5) から
$$H(x)^d \leqq C \cdot H\left(\frac{g(x)}{f(x)}\right)$$

が, $f(x) \neq 0$ なるすべての有理数 x について成り立つことが示された. $\square$

以上より補題 2.9 が示されたので, したがって命題 2.8 が示された.

命題 2.10. 任意の $P, Q \in E(\mathbb{Q})$ に対し $C \cdot H(P)H(Q) \geqq \min(H(P+Q), H(P-Q))$ を満たす, 正の実数 C が存在する.

証明. $P, Q \in E(\mathbb{Q})$ に対して
(i) $\quad P = O$ または $Q = O$
(ii) $\quad P + Q = O$ または $P - Q = O$
(iii) $\quad P \neq O, Q \neq O, P + Q \neq O, P - Q \neq O$
のそれぞれの場合に, 正の実数 C で (i), (ii), (iii) のそれぞれの場合における P, Q すべてについて
$$H(P+Q) \cdot H(P-Q) \leqq C \cdot H(P)^2 H(Q)^2$$

を満たすものが存在することを示せばよい.

(i) の場合, これは明らか. (ii) の場合
$$H(2P) \leqq C \cdot H(P)^4$$

が, すべての $P \in E(\mathbb{Q})$ で成り立つような正の実数 C が存在することを示すことになる. これは, 命題 2.8 のときと同様に, 次の補題 2.11 を証明すればよい.

補題 2.11. $f(T), g(T)$ を $\mathbb{Q}$ 上の多項式とし, d は $\max(\deg f(T), \deg g(T)) \leqq d$ を満たす自然数とする. このとき
$$H\left(\frac{g(x)}{f(x)}\right) \leqq C \cdot H(x)^d$$

が, $f(x) \neq 0$ なるすべての有理数 x について成り立つような正の実数 C が存在する.

証明. $f(T), g(T)$ に 0 でない同じ整数を掛けることにより, $f(T), g(T)$ は整数係数であるとしてよい. このとき
$$f(T) = \sum_{i=0}^{d} a_i T^i, \quad g(T) = \sum_{i=0}^{d} b_i T^i$$

とおくと, $f(x) \neq 0$ なる有理数 x を $x = \dfrac{m}{n}$, $(m,n) = 1$ の形で表すとき

$$f(x) = \sum_{i=0}^{d} a_i \left(\frac{m}{n}\right)^i, \quad g(x) = \sum_{i=0}^{d} b_i \left(\frac{m}{n}\right)^i$$

であるから

$$f(x)n^d = \sum_{i=0}^{d} a_i m^i n^{d-i}, \quad g(x)n^d = \sum_{i=0}^{d} b_i m^i n^{d-i}$$

よって

$$\frac{g(x)}{f(x)} = \frac{\displaystyle\sum_{i=0}^{d} b_i m^i n^{d-i}}{\displaystyle\sum_{i=0}^{d} a_i m^i n^{d-i}}$$

したがって, $C = \max(|a_i|, |b_i|) \cdot (d+1)$ とおくと

$$H\left(\frac{g(x)}{f(x)}\right)$$
$$\leqq \max\left(\left|\sum_{i=0}^{d} a_i m^i n^{d-i}\right|, \left|\sum_{i=0}^{d} b_i m^i n^{d-i}\right|\right)$$
$$\leqq \max(|a_0 n^d| + |a_1 m n^{d-1}| + \cdots + |a_d m^d|, |b_0 n^d| + |b_1 m n^{d-1}| + \cdots + |b_d m^d|)$$
$$\leqq \max(|a_i|, |b_i|) \cdot (d+1) H(x)^d$$
$$\leqq \frac{C}{d+1} \cdot (d+1) H(x)^d = C \cdot H(x)^d$$

ゆえに, ある正の実数 C があって

$$H\left(\frac{g(x)}{f(x)}\right) \leqq C \cdot H(x)^d$$

が, $f(x) \neq 0$ なるすべての有理数 x に対して成り立つ. □

(iii) の場合は, $\mathbb{Q}$ 上の 2 変数多項式 $f(S,T), g(S,T), h(S,T)$ を

$$f(S,T) = S^2 - 4T$$
$$g(S,T) = \frac{1}{a}(2aST + 2cS + 4bT + 4d)$$
$$h(S,T) = \frac{1}{a^2}(a^2 T^2 - 2acT - 4adS + c^2 - 4bd)$$

と定義する. そして, $P, Q \in E(\mathbb{Q})$, $P \neq O$, $Q \neq O$, $P + Q \neq O$, $P - Q \neq O$ とし, P の x 座標を x_1, Q の x 座標を x_2, $P + Q$ の x 座標を x_+, $P - Q$ の x 座標を x_-,

$s = x_1 + x_2, t = x_1 x_2, s' = x_+ + x_-, t' = x_+ x_-$ とおく. このとき, 楕円曲線の有理点の和の定義から $f(s,t) \neq 0$ であり, かつ

$$s' = \frac{g(s,t)}{f(s,t)}, \quad t' = \frac{h(s,t)}{f(s,t)}$$

ここで, 有理数 u, v に対し, 組 (u, v) の高さ $H(u, v)$ を, u, v をそれぞれ既約分数で表したときの分母の最小公倍数を n とし, $u = \dfrac{m}{n}, v = \dfrac{m'}{n}$ とおいて

$$H(u,v) = \max(|m|, |m'|, |n|)$$

で定義する. すると, (iii) の場合を示すには次の補題 2.12 を示せばよいことになる.

補題 2.12.
(1) 任意の有理数 u, v に対して, $\dfrac{1}{2} H(u) H(v) \leqq H(u+v, uv) \leqq 2 H(u) H(v)$
(2) $f(S,T), g(S,T), h(S,T)$ を $\mathbb{Q}$ 上の 2 変数多項式とし, d は $\max(\deg f(S,T), \deg g(S,T), \deg h(S,T)) \leqq d$ を満たす自然数とする. このとき, $f(s,t) \neq 0$ なるすべての有理数 s, t に対して

$$H\left(\frac{g(s,t)}{f(s,t)}, \frac{h(s,t)}{f(s,t)}\right) \leqq C \cdot H(s,t)^d$$

を満たす正の実数 C が存在する.

証明. まず, (1) を証明する.

u, v を既約分数の形に $u = \dfrac{m}{n}, v = \dfrac{m'}{n'}$ と表すと

$$u + v = \frac{mn' + m'n}{nn'}, \quad uv = \frac{mm'}{nn'}$$

となる. まず, 3 数 $mn' + m'n, mm', nn'$ の最大公約数が 1 であることを示す.

$mn' + m'n, mm', nn'$ に共通の素因数が存在すると仮定し, それを p とおく. すると, p は mm' を割り切るので, m または m' を割り切るが, m を割り切れば $mn' + m'n$ を割り切ることから, $m'n$ も割り切る. ところが, m と n は互いに素より m' を割り切る. さらに p は nn' も割り切るが, m と n は互いに素より n' も割り切る. これは m' と n' が互いに素であることに矛盾. p が m' を割り切るときも同様に矛盾. よって, 3 数の最大公約数は 1 であることが示された.

したがって, 高さの定義より

$$H(u+v, uv) = \max(|mn' + m'n|, |mm'|, |nn'|)$$

一方

$$H(u)H(v) = \max(|mm'|, |mn'|, |m'n|, |nn'|)$$

26

よって
$$2H(u)H(v) = \max(|2mm'|, |2mn'|, |2m'n|, |2nn'|)$$

ゆえに
$$H(u+v, uv) \leqq 2H(u)H(v)$$

次に
$$\frac{1}{2}H(u)H(v) \leqq H(u+v, uv)$$

を示す. これはすなわち, $\frac{1}{2}|mn'|$ と $\frac{1}{2}|m'n|$ が $\max(|mn'+m'n|, |mm'|, |nn'|)$ 以下であることを示せばよい.

まず, $\frac{1}{2}|mn'|$ について考える. $mn' \neq 0$ としてよいから, $x = \frac{n}{m}$, $y = \frac{m'}{n'}$ とすることにより, 不等式
$$\frac{1}{2} \leqq \max(|1+xy|, |x|, |y|)$$

が, すべての実数 x, y について成り立つことを示せばよい.

$|x| > \frac{1}{2}$ または $|y| > \frac{1}{2}$ のときは明らか. $|x| \leqq \frac{1}{2}$ かつ $|y| \leqq \frac{1}{2}$ のとき
$$|1+xy| \geqq 1 - |x||y| \geqq 1 - \left(\frac{1}{2}\right)^2 \geqq \frac{1}{2}$$

より成り立つ. $\frac{1}{2}|m'n|$ についても同様である. 以上より, (1) が示された.

次に (2) を示す.

$f(S,T), g(S,T), h(S,T)$ に 0 でない同じ整数を掛けることで, これらは整数係数の多項式であるとしてよい. このとき
$$f(S,T) = \sum_{i,j} a_{ij} S^i T^j, \quad g(S,T) = \sum_{i,j} b_{ij} S^i T^j, \quad h(S,T) = \sum_{i,j} c_{ij} S^i T^j$$

とおく. ただし, 和 $\sum_{i,j}$ は $i \geqq 0, j \geqq 0, i+j \leqq d$ なるすべての整数の組に対しての和である.

ここで, 定数 C を
$$C = \max(|a_{ij}|, |b_{ij}|, |c_{ij}|) \cdot \frac{1}{2}(d+1)(d+2)$$

で定める.

$f(s,t) \neq 0$ なる有理数 s, t に対し, s と t の既約分数表示の分母の最小公倍数を n とし, $s = \dfrac{m}{n}, t = \dfrac{m'}{n}$ とおくと

$$\frac{g(s,t)}{f(s,t)} = \frac{\sum_{i,j} b_{ij} m^i (m')^j n^{d-i-j}}{\sum_{i,j} a_{ij} m^i (m')^j n^{d-i-j}}, \quad \frac{h(s,t)}{f(s,t)} = \frac{\sum_{i,j} c_{ij} m^i (m')^j n^{d-i-j}}{\sum_{i,j} a_{ij} m^i (m')^j n^{d-i-j}}$$

$i \geqq 0, j \geqq 0, i + j \leqq d$ を満たす整数の組 (i, j) の個数は

$$\sum_{k=0}^{d}(d - k + 1) = \frac{1}{2}(d+1)(d+2)$$

であることに注意すると

$H\left(\dfrac{g(s,t)}{f(s,t)}, \dfrac{h(s,t)}{f(s,t)}\right)$

$\leqq \max\left(\left|\sum_{i,j} a_{ij} m^i (m')^j n^{d-i-j}\right|, \left|\sum_{i,j} b_{ij} m^i (m')^j n^{d-i-j}\right|, \left|\sum_{i,j} c_{ij} m^i (m')^j n^{d-i-j}\right|\right)$

$\leqq \max(|a_{ij}|, |b_{ij}|, |c_{ij}|) \cdot H(s,t)^d \cdot \dfrac{1}{2}(d+1)(d+2)$

$\leqq C \cdot H(s,t)^d$

したがって, (2) が示された. □

以上より, 命題 2.10 が成り立つことが示された. □

準備が整ったところで, 定理 2.7 と命題 2.8, 命題 2.10 を用いて, Mordell の定理を証明する. 定理 2.7 と命題 2.8, 命題 2.10 から次のことが成り立つ.

命題 2.13. $G = \{Q_1, \cdots, Q_n \mid Q_1, \cdots, Q_n \in E(\mathbb{Q})\}$ とおく. このとき, $Q_1, \cdots, Q_n \in E(\mathbb{Q})$ は, 写像

$$\delta \colon G \longrightarrow E(\mathbb{Q})/2E(\mathbb{Q})$$

が全射となるようにとることができる. また, 次の条件 (1), (2) を満たすような, 正の実数 C をとることができる.
(1) 任意の $P \in E(\mathbb{Q})$ に対し, $C \cdot H(2P) \geqq H(P)^4$
(2) 任意の $P, Q \in E(\mathbb{Q})$ に対し, $C \cdot H(P)H(Q) \geqq \min(H(P+Q), H(P-Q))$
このとき, $M = \max(H(Q_1), \cdots, H(Q_n), C)$ とすると, $E(\mathbb{Q})$ は, 有限集合

$$\{P \in E(\mathbb{Q}) \mid H(P) \leqq M\}$$

によって生成される.

証明. 定理 2.7 より, $E(\mathbb{Q})/2E(\mathbb{Q})$ は有限群であるから, 写像
$$\delta\colon G \longrightarrow E(\mathbb{Q})/2E(\mathbb{Q})$$
が全射となるような, $G = \{Q_1, \cdots, Q_n \mid Q_1, \cdots, Q_n \in E(\mathbb{Q})\}$ が存在する. また, 命題 2.8, 命題 2.10 より, 条件 (1), (2) を満たすような定数 C が存在する.

ここで, $\{P \in E(\mathbb{Q}) \mid H(P) \leqq M\}$ で生成されない $E(\mathbb{Q})$ の元が存在すると仮定し, そのような元のうち, 高さが最小であるものを P_0 とおく. 写像 δ は全射であるから, P_0 の $E(\mathbb{Q})/2E(\mathbb{Q})$ での像は, ある i について Q_i の像と一致する. この i について, $P_0 + Q_i$, $P_0 - Q_i \in 2E(\mathbb{Q})$ である. $P_0 + Q_i$, $P_0 - Q_i$ のうち, 高さが小さい方を R とし, $R = 2P_1$ なる $P_1 \in E(\mathbb{Q})$ をとる. このとき, 条件 (1), (2) より
$$H(P_1)^4 \leqq C \cdot H(R) \leqq M \cdot H(R) \text{ かつ } H(R) \leqq C \cdot H(P_0)H(Q_i) \leqq M^2 H(P_0)$$
であるから
$$H(P_1)^4 \leqq M^3 H(P_0)$$
ここで, 仮定より $H(P_0) > M$ であるから $H(P_1)^4 < H(P_0)^4$ すなわち
$$H(P_1) < H(P_0)$$
$H(P_0)$ の最小性より, P_1 は $\{P \in E(\mathbb{Q}) \mid H(P) \leqq M\}$ に含まれる. ところが, P_1 のとり方から P_0 は $2P_1 + Q_i$ または $2P_1 - Q_i$ のいずれかに等しいから, P_1 が $\{P \in E(\mathbb{Q}) \mid H(P) \leqq M\}$ に含まれるとき, P_0 もまた $\{P \in E(\mathbb{Q}) \mid H(P) \leqq M\}$ に含まれることになるのでこれは矛盾. したがって, $E(\mathbb{Q})$ は, 有限集合 $\{P \in E(\mathbb{Q}) \mid H(P) \leqq M\}$ により生成されることが示された. □

2.5 合同数

3 辺の長さがすべて有理数である直角三角形の面積となるような正の有理数を**合同数**という. 例えば, 3 辺の長さが $3, 4, 5$ の直角三角形の面積は 6 であるから 6 は合同数である. その他にも, 3 辺の長さが $5, 12, 13$ の直角三角形の面積は 30 であるから 30 は合同数であり, 3 辺の長さが $7, 24, 25$ の直角三角形の面積は 84 であるから 84 は合同数である. このように, 合同数はいくらでも作りだすことができる. ところが, 逆に与えられた有理数が合同数であるかどうかを判定することは非常に難しく, 数学上の未解決問題の 1 つである.

正の有理数 n が合同数であることを数式で表現すると次のようになる.

命題 2.14. 有理数 n が合同数であるための必要十分条件は, 次の連立方程式を満たす正の有理数 a, b, c が存在することである.
$$\begin{cases} a^2 + b^2 = c^2 \\ \dfrac{1}{2}ab = n \end{cases}$$

つまり,与えられた有理数が合同数であるかどうかは,上記の連立方程式が正の有理数を解にもつかどうかで決まるのである.実は,上記の連立方程式を同値変形していくことで,合同数問題は楕円曲線の問題に帰着される.したがって,合同数問題の難しさは,本質的には楕円曲線の難しさにあるのである.

n を 3 辺の長さが有理数 a, b, c の直角三角形の面積であるとする.すなわち,n を合同数であるとする.任意の正の有理数 n に対して,$s^2 n$ が平方因子をもたない整数となるような正の有理数 s が存在する.そのような s をとって,3 辺の長さが,sa, sb, sc であるような三角形を考えると,これは直角三角形であり,その面積は $s^2 n$ である.よって,n が合同数ならば,$s^2 n$ も合同数となる.したがって,合同数であるかどうか考える正の有理数は,平方因子をもたない正の整数に限定して考えればよい.

では,合同数問題がどのように楕円曲線の問題に帰着されるのかをみていこう.平方因子をもたない正の整数 n と,正の有理数 a, b, c に対して次の連立方程式を考える.

$$\begin{cases} a^2 + b^2 = c^2 \\ \dfrac{1}{2} ab = n \end{cases}$$

$2ab = 4n$ であるから

$$(a+b)^2 = c^2 + 4n, \quad (a-b)^2 = c^2 - 4n$$

この 2 つの方程式の両辺を 4 で割り,2 つの方程式を掛け合わせると

$$\left(\frac{a^2 - b^2}{4} \right)^2 = \left(\frac{c}{2} \right)^4 - n^2$$

ここで,$u = \dfrac{c}{2}, v = \dfrac{a^2 - b^2}{4}$ とおくと

$$u^4 - n^2 = v^2$$

さらに,この方程式の両辺に u^2 を掛け,$x = u^2 = \left(\dfrac{c}{2} \right)^2, y = uv = \dfrac{(a^2 - b^2)c}{8}$ とおくと

$$y^2 = x^3 - n^2 x$$

という形の方程式を得る.この方程式が表す曲線は楕円曲線に他ならない.したがって,n が合同数ならば,楕円曲線 $y^2 = x^3 - n^2 x$ 上に少なくとも 1 つの有理点が存在する.では,逆に正の整数 n を 1 つ与え,楕円曲線 $y^2 = x^3 - n^2 x$ 上に有理点が存在するとき,n は合同数となるのだろうか.結論から述べると,残念ながらこれは成り立たない.しかし,有理点の x 座標にいくつか条件を付け加えると,逆も成り立つ.

命題 2.15. 点 (x,y) を楕円曲線 $y^2 = x^3 - n^2 x$ 上の有理点とし, その x 座標は次の 3 つの条件を満たすとする.

(i) x は正の有理数の平方
(ii) x の分母は偶数
(iii) x の分子は n と互いに素である

このとき, 有理点 (x,y) と 3 辺の長さがすべて有理数で面積が n である直角三角形との間に 1 対 1 対応が存在する.

命題 2.15 を示すために, まず次の命題を示す.

命題 2.16. n を平方因子をもたない正の整数, a, b, c $(a < b < c)$ を正の有理数とする. このとき, a, b, c を 3 辺の長さにもち, かつその面積が n であるような直角三角形全体と, $x, x+n, x-n$ がそれぞれ有理数の平方となるような正の有理数 x 全体との間に, 次の 1 対 1 対応が存在する.

$$(a,b,c) \longmapsto x = \left(\frac{c}{2}\right)^2$$
$$x \longmapsto a = \sqrt{x+n} - \sqrt{x-n}, b = \sqrt{x+n} + \sqrt{x-n}, c = 2\sqrt{x}$$

証明. 正の有理数 a, b, c と平方因子をもたない正の整数 n を, 次の関係式を満たすものとする.

$$\begin{cases} a^2 + b^2 = c^2 \\ \frac{1}{2}ab = n \end{cases}$$

$2ab = 4n$ であるから

$$(a \pm b)^2 = c^2 \pm 4n$$

両辺を 4 で割り, $x = \left(\frac{c}{2}\right)^2$ とおけば

$$\left(\frac{a \pm b}{2}\right)^2 = x \pm n$$

よって, $x, x+n, x-n$ はそれぞれ有理数の平方となる.
逆に, $a = \sqrt{x+n} - \sqrt{x-n}, b = \sqrt{x+n} + \sqrt{x-n}, c = 2\sqrt{x}$ で, $x, x+n, x-n$ が有理数の平方のとき, a, b, c はすべて正の有理数で

$$\begin{cases} a^2 + b^2 = c^2 \\ \frac{1}{2}ab = n \end{cases}$$

を満たすことはすぐにわかる.

最後に，この対応が 1 対 1 であることを示す．

固定された n と x に対して (したがって，c も固定されている)，この x に対応する組 (a,b) は，ab 平面における，円 $a^2+b^2=c^2$ と双曲線 $ab=2n$ の共有点の a 座標と b 座標の組である．この円と双曲線の共有点の 1 つを (X,Y) とすれば，他の共有点は $(-X,-Y)$, $(-Y,-X)$, (Y,X) である．このうち，a 座標と b 座標がともに正の有理数であるような組合せは (X,Y) のみである．したがって，1 対 1 であることが示された．□

命題 2.16 を用いて命題 2.15 を示す．

証明． $u=\sqrt{x}$, $v=\dfrac{y}{u}$ とおく．このとき，条件 (i) より $u\in\mathbb{Q}$ である．また，$v^2=\dfrac{y^2}{u^2}=x^2-n^2$ より $v^2+n^2=x^2$ を得る．ここで，t を u の分母とすると，条件 (ii) より，t は偶数である．x^2 の分母が t^4 であることと，n^2 が正の整数で，$v^2+n^2=x^2$ であることから，v^2 の分母は t^4 である．したがって，3 数 t^2v, t^2n, t^2x はすべて整数であり，かつ $(t^2v)^2+(t^2n)^2=(t^2x)^2$ を満たすから，3 数 t^2v, t^2n, t^2x はピタゴラス数である．さらに，t^2n は偶数であり，条件 (iii) より，3 数 t^2v, t^2n, t^2x の最大公約数は 1 であるから，原始ピタゴラス数の性質より

$$t^2n=2XY, \quad t^2v=X^2-Y^2, \quad t^2x=X^2+Y^2$$

を満たす整数 X,Y が存在する．このとき，$a=\dfrac{2X}{t}$, $b=\dfrac{2Y}{t}$, $c=2u$ とおけば

$$\begin{cases} a^2+b^2=c^2 \\ \dfrac{1}{2}ab=n \end{cases}$$

を満たすから，a,b,c を 3 辺の長さにもつ三角形は，辺の長さがすべて有理数で，面積が n の直角三角形である．この直角三角形の 3 辺 $a=\dfrac{2X}{t}$, $b=\dfrac{2Y}{t}$, $c=2u$ の命題 2.16 に対応する像は，$x=\left(\dfrac{c}{2}\right)^2=u^2$ である．したがって，命題 2.16 より，条件 (i)〜(iii) を満たす楕円曲線 $y^2=x^3-n^2x$ 上の有理点と，3 辺の長さがすべて有理数で，面積が n である直角三角形の間に 1 対 1 対応が存在する．□

$E_n: y^2=x^3-n^2x$ とおく．楕円曲線 E_n 上の有理点全体と無限遠点を合わせた集合を $E_n(\mathbb{Q})$ とすると，Mordell の定理より，$E_n(\mathbb{Q})$ は有限生成 Abel 群であり

$$E_n(\mathbb{Q})\cong\mathbb{Z}^{\oplus r}\oplus\text{有限 Abel 群}\quad (r\geqq 0)$$

である．実は，$E_n(\mathbb{Q})$ の有限位数の元は位数が 2 以下の 4 点 O, $(0,0)$, $(\pm n,0)$ のみである．[*13] この 4 点は命題 2.16 の条件を満たす有理点ではないから，n が合同数であるためには $E_n(\mathbb{Q})$ が無限位数の元をもつこと，すなわち E_n の rank が 0 でないことが必要である．実は，これは必要条件であるだけでなく，十分条件でもある．

[*13] 証明は，参考文献 [5] 参照．

命題 2.17. n が合同数であるためには, E_n の rank が 0 でないことが必要十分である.

証明. n が合同数であるとする.
命題 2.16 より, 3 辺の長さが有理数で, 面積が n である直角三角形に対応する E_n の有理点が存在し, その x 座標は正の有理数の平方である. $E_n(\mathbb{Q})$ の有限位数の元は, 4 点 O, $(0,0)$, $(\pm n, 0)$ のみで, これらの x 座標はいずれも正の有理数の平方でない. よって, n が合同数であるためには, $E_n(\mathbb{Q})$ が無限位数の元をもつこと, すなわち E_n の rank が 0 でないことが必要である.

逆に, E_n の rank が 0 でないとする. このとき, $E_n(\mathbb{Q})$ は無限位数の元 P をもつ. P の 2 倍点 $2P$ の x 座標は正の有理数の平方であり, その分母は有理数である[*14]. さらに, $2P$ の x 座標の分子は n と互いに素である.[*15] したがって, 命題 2.16 より, $2P$ に対応する 3 辺の長さがすべて有理数で, 面積が n の直角三角形が存在する. ゆえに, n は合同数である. □

ところで, 命題 2.17 の証明の後半において, 命題 2.16 の条件 (i)〜(iii) を満たす $E_n(\mathbb{Q})$ の元として, 2 倍点 $2P$ を選んだが, 2 倍点以外に条件を満たす点は存在するのだろうか. 他にも存在すると考える方が自然であるが, 実は存在せず, 条件を満たす点は 2 倍点のみである. ここでは, その証明までは述べることができないが, 気になる方は参考文献 [5] を参照してほしい.

3 保型形式

保型形式とは, 一言でいえばある一定の変数変換の下で不変な関数である. 本書で主に扱う保型形式は, 特にモジュラー形式と呼ばれるもので, これはモジュラー群の基本領域上の関数のことをいう. モジュラー群とか基本領域とか難しい専門用語がでてきたので, まずはそれらの説明から入ろう.

3.1 $SL_2(\mathbb{Z})$ に対する保型形式

定義 3.1. 任意の可換環 R に対し, $SL_2(R)$ を

$$SL_2(R) = \left\{ \begin{pmatrix} a & b \\ c & d \end{pmatrix} \middle| \det \begin{pmatrix} a & b \\ c & d \end{pmatrix} = 1, \ a, b, c, d \in R \right\}$$

で定義する.

特に, $SL_2(R)$ の部分群 $SL_2(\mathbb{Z})$ は**モジュラー群**と呼ばれ, 記号 Γ で表される.

[*14] p.21 で述べた, $2P$ の計算結果において, $a=1$, $b=0$, $c=-n^2$, $d=0$ とすればわかる.
[*15] 証明は, 参考文献 [5] 参照.

無限遠点を付け加えた複素数平面,すなわち Riemann 球面 $\mathbb{C} \cup \{\infty\}$ へのモジュラー群 Γ の群作用を次のように定義する.

定義 3.2. 元 $g = \begin{pmatrix} a & b \\ c & d \end{pmatrix} \in \Gamma$ と点 $z \in \mathbb{C}$ に対して,写像 $z \longmapsto gz$ を

$$gz = \frac{az+b}{cz+d}, \quad g\infty = \lim_{z \to \infty} gz = \frac{a}{c}$$

で定義する.

　以下,集合 H は上半平面

$$H = \{z \in \mathbb{C} \mid \mathrm{Im}(z) > 0\}$$

を表すものとする.2 点 $z_1, z_2 \in H$ に対して $z_2 = gz_1$ となる Γ の元 g が存在するとき,z_1, z_2 は **Γ 同値**であるという.また,F を H 内の閉領域とするとき,H 上のどの点 z も F のある適当な点に Γ 同値であるが,F の相異なるどの 2 つの内点も Γ 同値になることはない[*16],という条件を満たすとき,すなわち,モジュラー群 Γ の作用により,F 上のどの内点も F 上の点にうつらないとき,F を Γ に対する**基本領域**という.つまり,Γ に対する基本領域とは,Γ の作用でうつり合う点同士を同一視して得られる集合である.F の境界上の Γ 同値な点同士を同一視し,貼り合わせてできた H の Γ 同値類のなす集合を「H を Γ で割った集合」といい,記号 $\Gamma \setminus H$ で表す.

命題 3.3. $F = \{z \in H \mid -\frac{1}{2} \leqq \mathrm{Re}(z) \leqq \frac{1}{2}$ かつ $|z| \geqq 1\}$ で定義される領域 F は,Γ に対する基本領域である.

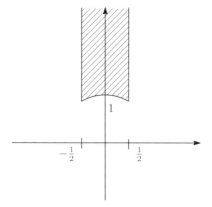

$$F = \{z \in H \mid -\frac{1}{2} \leqq \mathrm{Re}(z) \leqq \frac{1}{2} \text{ かつ } |z| \geqq 1\}$$

[*16] F の境界上の 2 点は Γ 同値になっても構わない.

F が Γ の作用で H 全体を覆うことは次のように説明される.

まず, Γ には, 元 $T = \begin{pmatrix} 1 & 1 \\ 0 & 1 \end{pmatrix}$ が含まれる. この T によって H 上の点 z は $z+1$ にうつる. すなわち右方向へ 1 だけ平行移動する写像である. よって, 横幅 1 で縦に無限に長い領域を T で何度もうつせば H 全体を覆う. その横幅 1 で縦に無限に長い領域として, $-1/2 \leqq \mathrm{Re}(z) \leqq 1/2$ をとっているのである.

次に Γ の元のうち, $S = \begin{pmatrix} 0 & -1 \\ 1 & 0 \end{pmatrix}$ に注目する. この S によって, H 上の点 z は $-1/z$ にうつる. すなわち, 単位円の内部と外部を入れ替える写像 (反転) である. よって, 単位円の周および外部の点を S で何度もうつせば H 全体を覆う. したがって, これらの共通部分である F が Γ の作用で H 全体を覆うことがわかる.

F の相異なるどの 2 つの内点も Γ 同値でないことの証明は省略するが, 気になる方は参考文献 [5] を参照してほしい. なお, 上の説明では Γ の元のうち, 特に $S = \begin{pmatrix} 0 & -1 \\ 1 & 0 \end{pmatrix}$ と $T = \begin{pmatrix} 1 & 1 \\ 0 & 1 \end{pmatrix}$ に注目したが, 実は Γ はこの 2 つの元により生成される.

命題 3.4. モジュラー群 Γ は 2 つの元

$$S = \begin{pmatrix} 0 & -1 \\ 1 & 0 \end{pmatrix}, \quad T = \begin{pmatrix} 1 & 1 \\ 0 & 1 \end{pmatrix}$$

により生成される.[*17]

ここで, 集合 $H \cup \{\infty\} \cup \mathbb{Q}$ を $\overline{H}$ で表すことにする. すなわち, $\overline{H}$ は H に無限遠点と実軸上の有理数を付け加えた集合である. $\{\infty\} \cup \mathbb{Q}$ に属する点は, カスプ (尖点) と呼ばれる.

どのように既約分数 a/c を選んできても, $ad - bc = 1$ を満たす整数 b, d が存在するから, 任意の有理数 a/c に対して, それに対応する行列 $g = \begin{pmatrix} a & b \\ c & d \end{pmatrix} \in \Gamma$ が存在する. そして, この行列 g によって ∞ は a/c にうつる. 例えば, 既約分数 $2/3$ に対して, $2d - 3b = 1$ を満たす整数 b, d として $b = 3, d = 5$ をとることができ, このとき $g = \begin{pmatrix} 2 & 3 \\ 3 & 5 \end{pmatrix}$ とすれば

$$g\infty = \frac{2}{3}$$

となる. したがって, すべての有理数は ∞ と同じ Γ 同値類に属する. カスプは同値類の中の都合のよい代表元を選んでも構わないので, Γ は ∞ でただ 1 つのカスプをもつといえる.

[*17] 証明は, 参考文献 [5] 参照.

さて, $\overline{H}$ は H に無限遠点と有理数を付け加えた集合であるが, $\overline{H}$ の元が無限遠点 ∞ や有理数 q に「近い」とはどういうことかをはっきりさせる必要がある. つまり, 位相を定めなければならない. そこで, H 上の通常の位相を集合 $\overline{H}$ の位相に次のように拡張する.

まず, 無限遠点 ∞ の基本開近傍系は, 任意の正の実数 C に対する

$$N_C = \{z \in H \mid \mathrm{Im}(z) > C\} \cup \{\infty\}$$

であるとする. このとき, 次のことに注意しておく.

今, $z \in H$ を写像

$$z \longmapsto q \equiv e^{2\pi i z}$$

でうつすことで H を原点に穴のあいた開単位円へ写像し, さらにこの写像で $\infty \in \overline{H}$ は原点にうつると定める. すると, N_C は原点を中心とする半径 $e^{-2\pi C}$ の開円の逆像になっており, 先程定めた $H \cup \{\infty\}$ の位相は, この写像が連続になるように定められているのである.

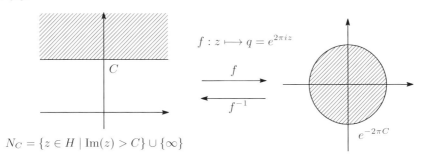

$N_C = \{z \in H \mid \mathrm{Im}(z) > C\} \cup \{\infty\}$

次に, 有理数 a/c の基本開近傍系を, 有理数 a/c に対応する行列 $g = \begin{pmatrix} a & b \\ c & d \end{pmatrix} \in \Gamma$ を用いて, N_C を実軸と a/c で接する開円にうつすことで定義する. つまり, この位相の下で点列 z_j が有理数 a/c に近づくとは, $\mathrm{Im}(\alpha^{-1} z_j)$ が通常の意味で無限大に近づくということである.

写像 $z \longmapsto q = e^{2\pi i z}$ は, 保型関数の理論において極めて重要な役割を果たす. 具体的には, $H \cup \{\infty\}$ 上の解析的構造を, 写像 $z \longmapsto q = e^{2\pi i z}$ により開円にうつすことで定めるのである. つまり, H 上の周期 1 の関数 $f(z)$ が, $f(z) = \sum_{n \in \mathbb{Z}} a_n q^n \; (q = e^{2\pi i z})$ という形の Fourier 展開をもち, $n < 0$ の部分に 0 でない係数 a_n を高々有限個しかもたないとき, $f(z)$ は無限遠点で有理型であるという. また, すべての $n < 0$ に対して $a_n = 0$ であるとき, $f(z)$ は無限遠点で正則であるといい, すべての $n \leqq 0$ に対して $a_n = 0$ であるとき, $f(z)$ は無限遠点で正則であるという.

さて, 準備が整ったので, Γ に対する保型形式の定義を紹介しよう.

定義 3.5. $f(z)$ を上半平面 H 上の有理型関数とし, k を整数とする.

$f(z)$ がすべての $\gamma = \begin{pmatrix} a & b \\ c & d \end{pmatrix} \in \Gamma$ に対し, 条件

$$f(\gamma z) = (cz+d)^k f(z)$$

を満たし, さらに $f(z)$ の Fourier 展開[18]

$$f(z) = \sum_{n \in \mathbb{Z}} a_n q^n \ (q = e^{2\pi i z})$$

について

1. $n < 0$ の部分に 0 でない係数 a_n を高々有限個しかもたないとき [19], $f(z)$ を **$\Gamma = SL_2(\mathbb{Z})$ に対するウェイト k の保型関数**という.
2. すべての $n < 0$ に対して, $a_n = 0$ であるとき[20], $f(z)$ を **$\Gamma = SL_2(\mathbb{Z})$ に対するウェイト k の保型形式**という. この関数の集合を $M_k(\Gamma)$ で表す.
3. すべての $n \leqq 0$ に対して, $a_n = 0$ であるとき[21], $f(z)$ を **$\Gamma = SL_2(\mathbb{Z})$ に対するウェイト k のカスプ形式**という. この関数の集合を $S_k(\Gamma)$ で表す.

モジュラー群 Γ に対する保型形式は, 特に**モジュラー形式**と呼ばれる. 次の命題は, 定義からただちに導かれる Γ に対する保型関数の基本的な性質である.

命題 3.6. 次の (1)〜(4) が成り立つ.
(1) k が奇数であれば, Γ に対するウェイト k の 0 以外の保型関数は存在しない.
(2) すべての $\gamma = \begin{pmatrix} a & b \\ c & d \end{pmatrix} \in \Gamma$ に対し

$$f(\gamma z) = (cz+d)^k f(z) \iff f(z+1) = f(z) \text{ かつ } f(-1/z) = z^k f(z)$$

(3) 保型関数全体の集合は $\mathbb{C}$ 上のベクトル空間である.
(4) ウェイト k_1 の保型関数とウェイト k_2 の保型関数の積はウェイト $k_1 + k_2$ の保型関数であり, ウェイト k_1 の保型関数を 0 でないウェイト k_2 の保型関数で割った商はウェイト $k_1 - k_2$ の保型関数である.

証明. [(1) の証明] $f(\gamma z) = (cz+d)^k f(z)$ において $\gamma = \begin{pmatrix} -1 & 0 \\ 0 & -1 \end{pmatrix}$ とすると $f(z) = (-1)^k f(z)$ となる. したがって, k が奇数であれば, Γ に対するウェイト k の 0 以

---

[18] $f(z)$ の Fourier 展開を q 展開と呼ぶこともある.
[19] これはつまり, $f(z)$ が無限遠点で有理型であるということである.
[20] これはつまり, $f(z)$ が無限遠点で正則であるということである.
[21] これはつまり, $f(z)$ が無限遠点で零点をもつということである.

外の保型関数は存在しない.

[(2) の証明]　まず, すべての $\gamma = \begin{pmatrix} a & b \\ c & d \end{pmatrix} \in \Gamma$ に対し, $f(\gamma z) = (cz+d)^k f(z)$ が成り立つとき

$$\gamma = T = \begin{pmatrix} 1 & 1 \\ 0 & 1 \end{pmatrix}, \quad \gamma = S = \begin{pmatrix} 0 & -1 \\ 1 & 0 \end{pmatrix}$$

とおくことにより

$$f(z+1) = f(z), \quad f(-1/z) = z^k f(z)$$

次に, 変換公式 $f(\gamma z) = (cz+d)^k f(z)$ は

$$\frac{d\gamma z}{dz} = \frac{d}{dz}\left(\frac{az+b}{cz+d}\right) = \frac{ad-bc}{(cz+d)^2} = (cz+d)^{-2}$$

より

$$\left(\frac{d\gamma z}{dz}\right)^{\frac{k}{2}} f(\gamma z) = f(z)$$

と, 書き直すことができる. よって, $f(z)(dz)^{\frac{k}{2}}$ は z を γz に置き換えたとき不変となる.

したがって, $f(\gamma z) = (cz+d)^k f(z)$ が γ_1, γ_2 に対して成り立つならば, $\gamma_1 \gamma_2$ についても成り立つ.

ここで, Γ は, 2 つの元 S, T で生成されるから

$$f(z+1) = f(z) \text{ かつ } f(-1/z) = z^k f(z)$$

が成り立つならば, すべての $\gamma = \begin{pmatrix} a & b \\ c & d \end{pmatrix} \in SL_2(\mathbb{Z})$ に対し, $f(\gamma z) = (cz+d)^k f(z)$ が成り立つ.

したがって, すべての $\gamma = \begin{pmatrix} a & b \\ c & d \end{pmatrix} \in SL_2(\mathbb{Z})$ に対し

$$f(\gamma z) = (cz+d)^k f(z) \iff f(z+1) = f(z) \text{ かつ } f(-1/z) = z^k f(z)$$

[(3) の証明]　ウェイト k の保型関数 $f(z), g(z)$ に対して, $h(z) = f(z) + g(z)$ とおく. このとき

$$h(\gamma z) = f(\gamma z) + g(\gamma z) = (cz+d)^k f(z) + (cz+d)^k g(z) = (cz+d)^k h(z)$$

が成り立つ. また, 任意の $\alpha \in \mathbb{C}$ に対し

$$\alpha f(\gamma z) = \alpha(cz+d)^k f(z) = (cz+d)^k \alpha f(z) = g(\gamma z) \quad (g(z) = \alpha f(z))$$

であるから,保型関数全体の集合は $\mathbb{C}$ 上のベクトル空間である.

[(4) の証明]　$f(\gamma z) = (cz+d)^{k_1} f(z), g(\gamma z) = (cz+d)^{k_2} g(z)$ とし
$$h(z) = f(z) \cdot g(z), \quad I(z) = \frac{f(z)}{g(z)}$$
とおけば
$$h(\gamma z) = f(\gamma z) \cdot g(\gamma z) = (cz+d)^{k_1+k_2} h(z), \quad I(\gamma z) = \frac{f(\gamma z)}{g(\gamma z)} = (cz+d)^{k_1-k_2} I(z)$$
□

3.2　Eisenstein 級数（アイゼンシュタイン）

ここでは,保型形式の具体例として Eisenstein 級数について述べる.

定義 3.7. (**Eisenstein 級数**) k を 4 以上の偶数とする.[*22] $z \in H$ に対し,Eisenstein 級数 $G_k(z)$ を次のように定義する.
$$G_k(z) = \sum_{\substack{m,n \in \mathbb{Z} \\ (m,n) \neq (0,0)}} \frac{1}{(mz+n)^k}$$

実は,Eisenstein 級数 $G_k(z)$ によく似たものを我々はすでに見ている.それは,Weierstrass の $\wp$ 関数の Laurent（ローラン）展開の係数である.次の命題は,それを z の関数とみなしたとき,Γ に対するウェイト k の保型形式になるということを主張している.

命題 3.8. Eisenstein 級数 $G_k(z)$ は,Γ に対するウェイト k の保型形式である.

証明. $k \geqq 4$ より,$G_k(z)$ は H の任意のコンパクト部分集合で一様絶対収束する.したがって,$G_k(z)$ は H 上の正則関数である.また
$$\begin{aligned}
G_k(z+1) &= \sum_{\substack{m,n \in \mathbb{Z} \\ (m,n) \neq (0,0)}} \frac{1}{\{m(z+1)+n\}^k} \\
&= \sum_{\substack{m,n \in \mathbb{Z} \\ (m,n) \neq (0,0)}} \frac{1}{(mz+m+n)^k} \\
&= \sum_{\substack{m,n \in \mathbb{Z} \\ (m,n) \neq (0,0)}} \frac{1}{(mz+l)^k} \quad (l = m+n \text{ とおく}) \\
&= G_k(z)
\end{aligned}$$

[*22] $k=2$ のとき,$G_k(z)$ は絶対収束しない.

および
$$z^{-k}G_k(-1/z) = \sum_{\substack{m,n\in\mathbb{Z}\\(m,n)\neq(0,0)}} \frac{z^{-k}}{(-m/z+n)^k} = \sum_{\substack{m,n\in\mathbb{Z}\\(m,n)\neq(0,0)}} \frac{1}{(nz-m)^k} = G_k(z)$$

が成り立つ. さらに

$$\lim_{z\to i\infty} \sum_{\substack{m,n\in\mathbb{Z}\\(m,n)\neq(0,0)}} \frac{1}{(mz+n)^k}$$
$$= \lim_{z\to i\infty}\left\{\sum_{n\neq 0}^{\infty}\frac{1}{n^k} + \sum_{m=1}^{\infty}\sum_{n=-\infty}^{\infty}\frac{1}{(mz+n)^k} + \sum_{m=1}^{\infty}\sum_{n=-\infty}^{\infty}\frac{1}{(-mz+n)^k}\right\}$$
$$= 2\zeta(k)$$

であるから[*23], $G_k(z)$ の Fourier 展開は負ベキ項をもたない. すなわち, $G_k(z)$ は無限遠点で正則である. したがって, $G_k(z)$ は Γ に対するウェイト k の保型形式である. □

本書の後半でも少し述べるが, 保型形式の Fourier 展開の係数は興味深い様々な性質をもっている. したがって, 保型形式の Fourier 展開の係数について詳しく調べることは大変重要なことなのである. 次の命題は, Eisenstein 級数の Fourier 展開の係数が, 本質的に n の数論的関数

$$\sigma_{k-1}(n) = \sum_{d|n} d^{k-1}$$

であるということを主張している.

命題 3.9. k を 4 以上の偶数とし, $z \in H$ とする. このとき, Eisenstein 級数 $G_k(z)$ は Fourier 展開

$$G_k(z) = 2\zeta(k)\left(1 - \frac{2k}{B_k}\sum_{n=1}^{\infty}\sigma_{k-1}(n)q^n\right)$$

をもつ. ここで, Bernoulli 数 B_k は次の式で定められる.

$$\frac{x}{e^x-1} = \sum_{k=0}^{\infty} B_k \frac{x^k}{k!}$$

証明. $\sin z = z\prod_{n=1}^{\infty}\left(1-\frac{z^2}{n^2\pi^2}\right)$ の対数をとると

$$\log\sin z = \log z + \log\prod_{n=1}^{\infty}\left(1-\frac{z^2}{n^2\pi^2}\right) = \log z + \sum_{n=1}^{\infty}\log\left(1-\frac{z^2}{n^2\pi^2}\right)$$

[*23] $\zeta(k)$ は Riemann ゼータ関数 $\zeta(k) = \sum_{n=1}^{\infty}\frac{1}{n^k}$ である.

であるから，これの両辺を z で微分すると

$$\cot z = \frac{1}{z} + \sum_{n=1}^{\infty} \frac{-2z}{n^2\pi^2 - z^2} = \frac{1}{z} + \sum_{n=1}^{\infty} \left(\frac{1}{z+n\pi} + \frac{1}{z-n\pi} \right)$$

ここで，$z = \pi a$ とすると

$$\pi \cot(\pi a) = \frac{1}{a} + \sum_{n=1}^{\infty} \left(\frac{1}{a+n} + \frac{1}{a-n} \right)$$

このことと

$$\pi \cot(\pi a) = \frac{\pi i (e^{\pi i a} + e^{-\pi i a})}{e^{\pi i a} - e^{-\pi i a}} = \frac{\pi i (e^{2\pi i a} + 1)}{e^{2\pi i a} - 1}$$

であることから

$$\frac{1}{a} + \sum_{n=1}^{\infty} \left(\frac{1}{a+n} + \frac{1}{a-n} \right) = \frac{\pi i (e^{2\pi i a} + 1)}{e^{2\pi i a} - 1} \tag{6}$$

ここで，$2\pi i a = x$ とおくと

$$\frac{\frac{1}{2}x(e^x + 1)}{e^x - 1} = 1 + a \sum_{n=1}^{\infty} \left(\frac{1}{a+n} + \frac{1}{a-n} \right)$$

$$\frac{x}{e^x - 1} + \frac{x}{2} = 1 + \sum_{n=1}^{\infty} \frac{2a^2}{a^2 - n^2}$$

$$\sum_{k=0}^{\infty} B_k \frac{x^k}{k!} + \frac{x}{2} = 1 - \sum_{n=1}^{\infty} \sum_{l=1}^{\infty} 2 \left(\frac{a}{n} \right)^{2l}$$

よって，$B_1 = -\frac{1}{2}$ に注意すると

$$\sum_{k=2}^{\infty} B_k \frac{x^k}{k!} = -\sum_{l=1}^{\infty} \sum_{n=1}^{\infty} \frac{2a^{2l}}{n^{2l}}$$

$$= -\sum_{l=1}^{\infty} \frac{1}{(2\pi i)^{2l}} x^{2l} \sum_{n=1}^{\infty} \frac{2}{n^{2l}}$$

$$= -\sum_{l=1}^{\infty} \frac{2\zeta(2l)}{(2\pi i)^{2l}} x^{2l}$$

$$= -\sum_{k=2}^{\infty} \frac{2\zeta(k)}{(2\pi i)^k} x^k \quad (k \text{ は正の偶数})$$

したがって，x^k の係数を比較することにより

$$\zeta(k) = -\frac{(2\pi i)^k}{2} \frac{B_k}{k!}$$

を得る. 次に
$$\frac{\pi i(e^{2\pi ia}+1)}{e^{2\pi ia}-1} = \pi i + \frac{2\pi i}{e^{2\pi ai}-1} = \pi i - 2\pi i \sum_{n=0}^{\infty}(e^{2\pi ai})^n$$
に注意して, (6) の両辺を a に関して $(k-1)$ 回項別微分すると
$$-(k-1)!\sum_{n=-\infty}^{\infty}\frac{1}{(a+n)^k} = -(2\pi i)^k \sum_{n=1}^{\infty}n^{k-1}e^{2\pi ain}$$
ここで, $a = mz$ とおくと
$$\sum_{n=-\infty}^{\infty}\frac{1}{(mz+n)^k} = \frac{(2\pi i)^k}{(k-1)!}\sum_{n=1}^{\infty}n^{k-1}e^{2\pi inmz}$$
さらに, $\zeta(k) = -\frac{(2\pi i)^k}{2}\frac{B_k}{k!}$, $q = e^{2\pi iz}$ より
$$\sum_{n=-\infty}^{\infty}\frac{1}{(mz+n)^k} = \frac{(2\pi i)^k}{(k-1)!}\sum_{n=1}^{\infty}n^{k-1}e^{2\pi inmz} = -\frac{2k}{B_k}\zeta(k)\sum_{d=1}^{\infty}d^{k-1}q^{dm}$$
したがって
$$G_k(z) = \sum_{\substack{m,n\in\mathbb{Z}\\(m,n)\neq(0,0)}}\frac{1}{(mz+n)^k}$$
$$= 2\zeta(k) + 2\sum_{m=1}^{\infty}\sum_{n=-\infty}^{\infty}\frac{1}{(mz+n)^k}$$
$$= 2\zeta(k) + 2\sum_{m=1}^{\infty}\left(-\frac{2k}{B_k}\zeta(k)\sum_{d=1}^{\infty}d^{k-1}q^{dm}\right)$$
$$= 2\zeta(k)\left(1 - \frac{2k}{B_k}\sum_{m,d=1}^{\infty}d^{k-1}q^{dm}\right)$$
ここで, $\sum_{m,d=1}^{\infty}d^{k-1}q^{dm}$ において, $dm = n$ とおくと
$$\sum_{m,d=1}^{\infty}d^{k-1}q^{dm} = \sum_{n=1}^{\infty}\sum_{d|n}d^{k-1}q^n = \sum_{n=1}^{\infty}\sigma_{k-1}(n)q^n$$
よって
$$G_k(z) = 2\zeta(k)\left(1 - \frac{2k}{B_k}\sum_{n=1}^{\infty}\sigma_{k-1}(n)q^n\right)$$
□

定義 3.10. (正規化された Eisenstein 級数) $E_k(z)$ を

$$E_k(z) = \frac{1}{2\zeta(k)} G_k(z) = 1 - \frac{2k}{B_k} \sum_{n=1}^{\infty} \sigma_{k-1}(n) q^n$$

で定義する．

正規化された Eisenstein 級数は，その Fourier 展開の係数がすべて有理数になるように定義されたものである．

次の命題は，互いに素な整数 m, n についてのみ和をとることにより，正規化された Eisenstein 級数を定義することもできるということを主張している．

命題 3.11. $E_k(z) = \dfrac{1}{2} \displaystyle\sum_{\substack{m,n\in\mathbb{Z} \\ (m,n)=1}} \dfrac{1}{(mz+n)^k}$

証明. 最大公約数が g であるような整数 a, b の組に対して，$a = gm, b = gn$ とおくと，$(m,n) = 1$ であり

$$\begin{aligned}
E_k(z) &= \frac{1}{2\zeta(k)} \sum_{\substack{a,b\in\mathbb{Z} \\ (a,b)\neq(0,0)}} \frac{1}{(az+b)^k} \\
&= \frac{1}{2\zeta(k)} \sum_{\substack{m,n\in\mathbb{Z} \\ (m,n)=1}} \sum_{g=1}^{\infty} \frac{1}{g^k(mz+n)^k} \\
&= \frac{1}{2\zeta(k)} \sum_{g=1}^{\infty} \frac{1}{g^k} \sum_{\substack{m,n\in\mathbb{Z} \\ (m,n)=1}} \frac{1}{(mz+n)^k} \\
&= \frac{1}{2} \sum_{\substack{m,n\in\mathbb{Z} \\ (m,n)=1}} \frac{1}{(mz+n)^k} \qquad \square
\end{aligned}$$

$k = 2$ のとき，Eisenstein 級数は絶対収束しない．ここで，$k \geqq 4$ に対する $G_k(z)$ が保型性 $z^{-k} G_k(-1/z) = G_k(z)$ を満たすことを示したときに，二重級数の和の順序交換を行ったことを思い出してほしい．このような操作は条件収束だけのときは正当化されないので，$E_2(z)$ は，保型性

$$z^{-2} E_2(-1/z) = E_2(z)$$

を満たさない．

ここで, $E_2(z)$ の二重級数の和の順序を

$$E_2(z) = \frac{1}{2\zeta(2)} \sum_{m=-\infty}^{\infty} \sum_{n=-\infty}^{\infty} {}' \frac{1}{(mz+n)^2} \tag{7}$$

$$= \frac{3}{\pi^2} \left\{ 2\sum_{n=1}^{\infty} \frac{1}{n^2} + \sum_{m \neq 0} \sum_{n=-\infty}^{\infty} \frac{1}{(mz+n)^2} \right\}$$

$$= 1 + \frac{3}{\pi^2} \sum_{m \neq 0} \sum_{n=-\infty}^{\infty} \frac{1}{(mz+n)^2}$$

$$= 1 + \frac{6}{\pi^2} \sum_{m=1}^{\infty} \sum_{n=-\infty}^{\infty} \frac{1}{(mz+n)^2}$$

と定める.ただし, $\sum'$ は, $m=0$ のときに $n \neq 0$ であるということを意味する.

さて,命題 3.9 の証明と同様の議論で,固定された m に対して

$$\sum_{n=-\infty}^{\infty} \frac{1}{(mz+n)^2} = -\frac{4}{B_2}\zeta(2) \sum_{d=1}^{\infty} dq^{dm} \quad (q = e^{2\pi i z})$$

がわかる.これより

$$E_2(z) = 1 - 24 \sum_{m=1}^{\infty} \sum_{d=1}^{\infty} dq^{dm}$$

$|q| < 1$ より,この m と d に関する二重級数は絶対収束する.よって

$$E_2(z) = 1 - 24 \sum_{n=1}^{\infty} \sigma_1(n) q^n$$

を得る.したがって, $E_2(z)$ は他の $E_k(z)$ と同様に, H 上の周期 1 の周期関数であり,しかも無限遠点で正則であることがわかる.また, (7) より

$$z^{-2} E_2(-1/z) = \frac{1}{2\zeta(2)} \sum_{m=-\infty}^{\infty} \sum_{n=-\infty}^{\infty} {}' \frac{1}{(-m+nz)^2}$$

$$= \frac{3}{\pi^2} \sum_{n=-\infty}^{\infty} \sum_{m=-\infty}^{\infty} {}' \frac{1}{(mz-n)^2}$$

$$= 1 + \frac{3}{\pi^2} \sum_{n=-\infty}^{\infty} \sum_{m \neq 0} \frac{1}{(mz+n)^2}$$

したがって, $E_2(z)$ の保型性のずれの原因は,絶対収束でない二重級数の和の順序交換から生じる級数の値のずれなのである.次の命題は,その誤差が $12/2\pi i z$ であることを主張している.

命題 3.12. $z^{-2}E_2(-1/z) = E_2(z) + \dfrac{12}{2\pi i z}$

証明. $a_{m,n}(z)$ を

$$a_{m,n}(z) = \frac{1}{(mz+n-1)(mz+n)} = \frac{1}{mz+n-1} - \frac{1}{mz+n}$$

と定める. このとき

$$\frac{1}{(mz+n)^2} - a_{m,n}(z) = \frac{1}{(mz+n)^2(mz+n-1)}$$

であるから, $\widetilde{E_2}(z)$ を

$$\widetilde{E_2}(z) = 1 + \frac{3}{\pi^2} \sum_{m \neq 0} \sum_{n=-\infty}^{\infty} \left\{ \frac{1}{(mz+n)^2} - a_{m,n}(z) \right\}$$

で定義すると, $\widetilde{E_2}(z)$ は絶対収束する. したがって

$$\widetilde{E_2}(z) = 1 + \frac{3}{\pi^2} \sum_{m \neq 0} \sum_{n=-\infty}^{\infty} \left\{ \frac{1}{(mz+n)^2} - a_{m,n}(z) \right\}$$

$$= 1 + \frac{3}{\pi^2} \sum_{m \neq 0} \sum_{n=-\infty}^{\infty} \frac{1}{(mz+n)^2} + \frac{3}{\pi^2} \sum_{m \neq 0} \sum_{n=-\infty}^{\infty} \left(\frac{1}{mz+n} - \frac{1}{mz+n-1} \right)$$

さらに

$$\sum_{m \neq 0} \sum_{n=-\infty}^{\infty} \left(\frac{1}{mz+n} - \frac{1}{mz+n-1} \right)$$

$$= \sum_{m \neq 0} \lim_{\substack{N \to \infty \\ M \to \infty}} \left\{ \sum_{n=0}^{N} \left(\frac{1}{mz+n} - \frac{1}{mz+n-1} \right) + \sum_{n=1}^{M} \left(\frac{1}{mz-n} - \frac{1}{mz-n-1} \right) \right\}$$

$$= \sum_{m \neq 0} \lim_{\substack{N \to \infty \\ M \to \infty}} \left\{ -\frac{1}{mz-1} - \frac{1}{mz+N-1} + \frac{1}{mz-1} - \frac{1}{mz-M-1} \right\}$$

$$= 0$$

よって, $\widetilde{E_2}(z) = E_2(z)$ となる. $\widetilde{E_2}(z)$ の中の二重級数は絶対収束であるから

$$E_2(z) = 1 + \frac{3}{\pi^2} \sum_{n=-\infty}^{\infty} \sum_{m \neq 0} \left\{ \frac{1}{(mz+n)^2} - a_{m,n}(z) \right\}$$

$$= 1 + \frac{3}{\pi^2} \sum_{n=-\infty}^{\infty} \sum_{m \neq 0} \frac{1}{(mz+n)^2} - \frac{3}{\pi^2} \sum_{n=-\infty}^{\infty} \sum_{m \neq 0} a_{m,n}(z)$$

$$= z^{-2} E_2(-1/z) - \frac{3}{\pi^2} \sum_{n=-\infty}^{\infty} \sum_{m \neq 0} a_{m,n}(z)$$

したがって

$$z^{-2}E_2(-1/z) = E_2(z) + \frac{3}{\pi^2}\sum_{n=-\infty}^{\infty}\sum_{m\neq 0}a_{m,n}(z)$$

ゆえに, 二重級数 $\sum_{n=-\infty}^{\infty}\sum_{m\neq 0}a_{m,n}(z)$ の値を求めればよい. $n>0$ に対して

$$\begin{aligned}
\sum_{m\neq 0}\frac{1}{(mz-n)^2} &= \frac{1}{z^2}\sum_{m\neq 0}\frac{1}{(-n/z+m)^2} \\
&= \frac{1}{z^2}\left\{\sum_{m=-\infty}^{\infty}\frac{1}{(-n/z+m)^2} - \frac{z^2}{n^2}\right\} \\
&= \frac{1}{z^2}\left\{-\frac{4}{B_2}\zeta(2)\sum_{d=1}^{\infty}de^{2\pi id\cdot(-n/z)} - \frac{z^2}{n^2}\right\} \\
&= \frac{1}{z^2}\left\{-4\pi^2\sum_{d=1}^{\infty}de^{-2\pi idn/z} - \frac{z^2}{n^2}\right\} \\
&= -\frac{1}{n^2} - \frac{4\pi^2}{z^2}\sum_{d=1}^{\infty}de^{-2\pi idn/z}
\end{aligned}$$

ここで, $-1/z$ は H の固定された元より, 二重級数

$$\sum_{n=-\infty}^{\infty}\sum_{m\neq 0}\frac{1}{(mz-n)^2} = \sum_{n=-\infty}^{\infty}\left\{-\frac{1}{n^2} - \frac{4\pi^2}{z^2}\sum_{d=1}^{\infty}de^{-2\pi idn/z}\right\}$$

は絶対収束であり, 二重級数 $\sum_{n=-\infty}^{\infty}\sum_{m\neq 0}\left\{\frac{1}{(mz+n)^2} - a_{m,n}(z)\right\}$ は $a_{m,n}(z)$ のとり方から絶対収束である. 以上から, 二重級数 $\sum_{n=-\infty}^{\infty}\sum_{m\neq 0}a_{m,n}(z)$ も絶対収束であることがわかる.

したがって

$$\begin{aligned}
\sum_{n=-\infty}^{\infty}\sum_{m\neq 0}a_{m,n}(z) &= \lim_{N\to\infty}\sum_{n=-N+1}^{N}\sum_{m\neq 0}a_{m,n}(z) \\
&= \lim_{N\to\infty}\sum_{m\neq 0}\sum_{n=-N+1}^{N}a_{m,n}(z)
\end{aligned}$$

ここで

$$\sum_{n=-N+1}^{N} a_{m,n}(z) = \sum_{n=-N+1}^{N} \left(\frac{1}{mz+n-1} - \frac{1}{mz+n} \right)$$
$$= \frac{1}{mz-N} - \frac{1}{mz+N}$$

であり,さらに

$$\pi \cot(\pi a) = \frac{1}{a} + \sum_{n=1}^{\infty} \left(\frac{1}{a+n} + \frac{1}{a-n} \right)$$

であるから

$$\sum_{m \neq 0} \left(\frac{1}{mz-N} - \frac{1}{mz+N} \right) = \frac{2}{z} \sum_{m=1}^{\infty} \left(\frac{1}{-N/z+m} + \frac{1}{-N/z-m} \right)$$
$$= \frac{2}{z} \left\{ \pi \cot\left(-\frac{\pi N}{z}\right) + \frac{z}{N} \right\}$$

よって

$$\sum_{n=-\infty}^{\infty} \sum_{m \neq 0} a_{m,n}(z) = \frac{2}{z} \lim_{N \to \infty} \left\{ \pi \cot\left(-\frac{\pi N}{z}\right) + \frac{z}{N} \right\}$$
$$= \frac{2\pi}{z} \lim_{N \to \infty} i \frac{e^{-2\pi i N/z} + 1}{e^{-2\pi i N/z} - 1} = -\frac{2\pi i}{z}$$

以上より

$$E_2(z) = z^{-2} E_2(-1/z) - \frac{3}{\pi^2} \sum_{n=-\infty}^{\infty} \sum_{m \neq 0} a_{m,n}(z)$$
$$= z^{-2} E_2(-1/z) + \frac{6i}{\pi z} = z^{-2} E_2(-1/z) - \frac{12}{2\pi i z}$$

したがって

$$z^{-2} E_2(-1/z) = E_2(z) + \frac{12}{2\pi i z} \qquad \square$$

さて,ここで Eisenstein 級数の保型性から得られる興味深い等式について少し紹介しよう.保型形式の特徴はなんといってもその強い「保型性」にある.そして,その保型性から思いもよらない等式がたくさん導かれるのである.かの不世出の偉大な数学者 Ramanujan(ラマヌジャン) も,その保型性が導きだす美しい等式に魅了された者の一人である.ここで

は, Ramanujan が特に愛したとされる次のタイプの等式について紹介しよう.

$$(1) \quad \sum_{n=1}^{\infty} \frac{n}{e^{2\pi n} - 1} = \frac{1}{24} - \frac{1}{8\pi}$$

$$(2) \quad \sum_{n=1}^{\infty} \frac{n^5}{e^{2\pi n} - 1} = \frac{1}{504}$$

$$(3) \quad \sum_{n=1}^{\infty} \frac{n^9}{e^{2\pi n} - 1} = \frac{1}{264}$$

まず, 等式 (2) を示す.

正規化された Eisenstein 級数 $E_k(z)$ の, 特に $k=6$ のときの保型性

$$z^{-6} E_6(-1/z) = E_6(z)$$

において, $z=i$ とおくと, $E_6(i) = 0$ を得る. 一方, $B_6 = \dfrac{1}{42}$ に注意すると

$$E_6(z) = 1 - \frac{12}{B_6} \sum_{n=1}^{\infty} \sigma_5(n) e^{2\pi n i z} = 1 - 504 \sum_{n=1}^{\infty} \sigma_5(n) e^{2\pi n i z}$$

が成り立つから, $z = i$ とすると

$$E_6(i) = 1 - 504 \sum_{n=1}^{\infty} \sigma_5(n) e^{-2\pi n}$$

これと, $E_6(i) = 0$ より

$$\sum_{n=1}^{\infty} \sigma_5(n) e^{-2\pi n} = \frac{1}{504}$$

ここで, 左辺について

$$\sum_{n=1}^{\infty} \sigma_5(n) e^{-2\pi n} = \sum_{n=1}^{\infty} \sum_{d|n} d^5 e^{-2\pi n}$$

であり, 右辺について, $n = dl$ とおくと, 任意の d, l は n の約数であるから

$$\sum_{n=1}^{\infty} \sum_{d|n} d^5 e^{-2\pi n} = \sum_{l=1}^{\infty} \sum_{d=1}^{\infty} d^5 e^{-2\pi dl}$$

$$= \sum_{d=1}^{\infty} d^5 \left(\sum_{l=1}^{\infty} e^{(-2\pi d)l} \right)$$

$$= \sum_{d=1}^{\infty} d^5 \cdot \frac{e^{-2\pi d}}{1 - e^{-2\pi d}}$$

$$= \sum_{d=1}^{\infty} \frac{d^5}{e^{2\pi d} - 1}$$

したがって
$$\sum_{n=1}^{\infty} \frac{n^5}{e^{2\pi n}-1} = \frac{1}{504}$$

(3) についても，上記と同様の議論を $E_{10}(z)$ に対して用いれば導くことができる．実は，一般に次の等式が成り立つ．

定理 3.13. $k \geqq 6$, $k \equiv 2 \pmod{4}$ に対して
$$\sum_{n=1}^{\infty} \frac{n^{k-1}}{e^{2\pi n}-1} = \frac{B_k}{2k}$$
が成り立つ．

証明. 正規化された Eisenstein 級数 $E_k(z)$ の保型性
$$z^{-k} E_k(-1/z) = E_k(z)$$
において, $z = i$ とし, $k \equiv 2 \pmod{4}$ のとき, $i^k = -1$ であることに注意すると
$$E_k(i) = 0$$
よって
$$E_k(z) = 1 - \frac{2k}{B_k} \sum_{n=1}^{\infty} \sigma_{k-1}(n) e^{2\pi n i z}$$
において, $z = i$ とすると
$$E_k(i) = 1 - \frac{2k}{B_k} \sum_{n=1}^{\infty} \sigma_{k-1}(n) e^{-2\pi n} = 0$$
すなわち
$$\sum_{n=1}^{\infty} \sigma_{k-1}(n) e^{-2\pi n} = \frac{B_k}{2k}$$
ここで
$$\begin{aligned}
\sum_{n=1}^{\infty} \sigma_{k-1}(n) e^{-2\pi n} &= \sum_{n=1}^{\infty} \sum_{d|n} d^{k-1} e^{-2\pi n} \\
&= \sum_{l=1}^{\infty} \sum_{d=1}^{\infty} d^{k-1} e^{-2\pi d l} \quad (n = dl) \\
&= \sum_{d=1}^{\infty} \frac{d^{k-1}}{e^{2\pi d}-1}
\end{aligned}$$

であるから
$$\sum_{n=1}^{\infty} \frac{n^{k-1}}{e^{2\pi n} - 1} = \frac{B_k}{2k}$$
□

この等式において, $k = 6, 10$ とすると (2), (3) が導かれる.

ところで, $k \equiv 2 \pmod 4$ という条件の中で $k = 2$ のみ除外されているが, これは $E_2(z)$ が完全な保型性をもたないことに由来する. 先程紹介した等式 (1) は, $E_2(z)$ の不完全な保型性から導かれる.

等式
$$z^{-2} E_2(-1/z) = E_2(z) + \frac{12}{2\pi i z}$$
において, $z = i$ とすると
$$E_2(i) = \frac{3}{\pi}$$
したがって, $B_2 = \frac{1}{6}$ に注意すると
$$E_2(i) = 1 - 24 \sum_{n=1}^{\infty} \sigma_1(n) e^{-2\pi n} = \frac{3}{\pi}$$
よって
$$\sum_{n=1}^{\infty} \sigma_1(n) e^{-2\pi n} = \frac{1}{24} - \frac{1}{8\pi}$$
このことと, $\sum_{n=1}^{\infty} \sigma_1(n) e^{-2\pi n} = \sum_{d=1}^{\infty} \frac{d}{e^{2\pi d} - 1}$ であることから
$$\sum_{n=1}^{\infty} \frac{n}{e^{2\pi n} - 1} = \frac{1}{24} - \frac{1}{8\pi}$$
これらの他にも
$$\sum_{n=1}^{\infty} \frac{n^3}{e^{2\pi n} - 1} = \frac{1}{80} \left(\frac{\varpi}{\pi}\right)^4 - \frac{1}{240}$$
$$\sum_{n=1}^{\infty} \frac{1}{n(e^{2\pi n} - 1)} = -\frac{\pi}{12} - \frac{1}{2} \log\left(\frac{\varpi}{\sqrt{2}\pi}\right)$$
という等式が保型形式を用いて導かれる. ここで, π は通常の円周率
$$\pi = 2 \int_0^1 \frac{dx}{\sqrt{1-x^2}} = 3.141592\cdots$$

であり, ϖ はレムニスケート周率

$$\varpi = 2\int_0^1 \frac{dx}{\sqrt{1-x^4}} = 2.62205\cdots$$

である. これらの等式の証明は, レムニスケート周率が絡んでくることからそれほど簡単ではないが, 興味のある方は参考文献 [3] を参照してほしい.

さて, ここからは一般の Γ に対する保型関数がもつ重要な性質について紹介する. 次の命題は, 与えられた保型形式を特徴づける上で役立つものである.

命題 3.14. $f(z)$ を Γ に対するウェイト k の 0 でない保型関数であるとする. H 上の点 P に対して, 点 P での $f(z)$ の零点の位数 (あるいは極の位数の -1 倍) を $v_P(f)$ で表す. また, $f(z)$ の Fourier 展開における最初の 0 でない項の指数を $v_\infty(f)$ で表すものとする. このとき

$$v_\infty(f) + \frac{1}{2}v_i(f) + \frac{1}{3}v_\omega(f) + \sum_{P\in\Gamma\backslash H, P\neq i,\omega} v_P(f) = \frac{k}{12}$$

が成り立つ. ここに, $\omega = \dfrac{-1+\sqrt{3}i}{2}$ である.

証明. L を下図のような積分路とする.

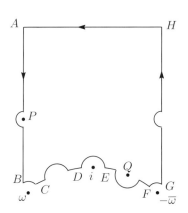

L の上辺は $H = 1/2 + iT$ から $A = -1/2 + iT$ までの水平線である. ただし, T は

$f(z)$ のどの零点や極の虚部よりも大きくとっておくものとする.[*24] 積分路の残りの部分は Γ に対する基本領域 F の境界に沿ってとるが,境界上の零点と極のところでは半径 ε の弧に沿って迂回する.その際,零点や極のどの Γ 同値類も L の内部にちょうど 1 回だけ含まれるようにするが,i と ω,$-\overline{\omega}$ については,それが零点や極である場合には L の外側にあるようにする.

さて,留数定理より

$$\frac{1}{2\pi i}\int_L \frac{f'(z)}{f(z)}dz = \sum_{P\in\Gamma\backslash H, P\neq i,\omega} v_P(f)$$

この左辺の積分を

$$\int_L \frac{f'(z)}{f(z)}dz = \int_{AB} + \int_{BC} + \int_{CD} + \int_{DE} + \int_{EF} + \int_{FG} + \int_{GH} + \int_{HA}$$

と分解すると,次の 4 つの等式が成り立つ.

(i) $\quad \int_{AB} + \int_{GH} = 0$

(ii) $\quad \dfrac{1}{2\pi i}\int_{HA} = -v_\infty(f)$

(iii) $\quad \dfrac{1}{2\pi i}\int_{BC} = \dfrac{1}{2\pi i}\int_{FG} = -\dfrac{1}{6}v_\omega(f), \quad \dfrac{1}{2\pi i}\int_{DE} = -\dfrac{1}{2}v_i(f) \quad (\varepsilon \to 0)$

(iv) $\quad \dfrac{1}{2\pi i}\int_{CD} + \dfrac{1}{2\pi i}\int_{EF} = \dfrac{k}{12} \quad (\varepsilon \to 0)$

以下,この 4 つの等式が成り立つことを示す.

(i) について

$f(z+1) = f(z)$ であることと,AB, GH が逆向きであることから

$$\int_{AB} + \int_{GH} = 0$$

(ii) について

$q = e^{2\pi i z}$ とし,$\widetilde{f}(q)$ を $f(z)$ の Fourier 展開とする.すなわち

$$\widetilde{f}(q) = f(z) = \sum_{n\in\mathbb{Z}} a_n q^n$$

[*24] $f(z)$ は無限遠点で有理型であるから,このようなとり方は可能である.

とする．このとき

$$f'(z) = \frac{d}{dz}f(z) = \frac{d}{dq}\widetilde{f}(q)\frac{dq}{dz} = \frac{d\widetilde{f}}{dq} \cdot \frac{dq}{dz}$$

また，z と q の対応は

z	$1/2 + iT \longrightarrow -1/2 + iT$
q	$e^{-2\pi T} \cdot e^{\pi i} \longrightarrow e^{-2\pi T} \cdot e^{-\pi i}$

であるから，$\dfrac{1}{2\pi i}\displaystyle\int_{HA}$ は，原点を中心とする半径 $e^{-2\pi T}$ の円上の積分

$$\frac{1}{2\pi i}\int \frac{d\widetilde{f}/dq}{\widetilde{f}(q)}dq$$

と一致することがわかる．この積分は $\widetilde{f}(q)$ の原点での零点の位数，あるいは極の位数を -1 倍したものであるから

$$\frac{1}{2\pi i}\int_{HA} = -v_\infty(f)$$

(iii) について

$f'(z)/f(z)$ が $z = a$ で m 位の零点 (あるいは $-m$ 位の極) をもつとし，これを a を中心とする，小さい半径 ε の角度 θ の円弧に沿って反時計まわりに積分すると

$$\int \frac{f'(z)}{f(z)}dz = \int \frac{m}{z-a}dz + \int g(z)dz \quad (g(z) \text{ は } z = a \text{ で正則な関数})$$
$$= m\int_0^\theta \frac{1}{\varepsilon e^{ix}} \cdot \varepsilon i e^{ix} dx + \int g(z)dz$$
$$= mi\theta + \int g(z)dz = mi\theta \quad (\varepsilon \to 0)$$

であるから，$\theta = \dfrac{\pi}{3}$ とすると

$$\frac{1}{2\pi i}\int_{BC} = -\frac{1}{2\pi i} \cdot v_\omega(f) \cdot \frac{i\pi}{3} = -\frac{1}{6}v_\omega(f)$$
$$\frac{1}{2\pi i}\int_{FG} = -\frac{1}{2\pi i}v_{-\overline{\omega}}(f) \cdot \frac{i\pi}{3} = -\frac{1}{6}v_\omega(f)$$

また，$\theta = \pi$ とすると

$$\frac{1}{2\pi i}\int_{DE} = -\frac{1}{2\pi i}v_i(f) \cdot i\pi = -\frac{1}{2}v_i(f)$$

したがって
$$\frac{1}{2\pi i}\int_{BC} = \frac{1}{2\pi i}\int_{FG} = -\frac{1}{6}v_\omega(f), \quad \frac{1}{2\pi i}\int_{DE} = -\frac{1}{2}v_i(f) \quad (\varepsilon \to 0)$$

(iv) について

後に述べる補題 3.15 において, $\gamma = S = \begin{pmatrix} 0 & -1 \\ 1 & 0 \end{pmatrix}$ とすれば, CD を S でうつすと FE になるから

$$\frac{1}{2\pi i}\int_{CD} \frac{f'(z)}{f(z)}dz + \frac{1}{2\pi i}\int_{EF} \frac{f'(z)}{f(z)}dz = -\frac{k}{2\pi i}\int_{CD} \frac{dz}{z}$$
$$= -k\int_{1/3}^{1/4} d\theta \quad (\varepsilon \to 0)$$
$$= \frac{k}{12}$$

よって
$$\frac{1}{2\pi i}\int_{CD} + \frac{1}{2\pi i}\int_{EF} = \frac{k}{12} \quad (\varepsilon \to 0)$$

以上 (i), (ii), (iii), (iv) より
$$v_\infty(f) + \frac{1}{2}v_i(f) + \frac{1}{3}v_\omega(f) + \sum_{P\in\Gamma\backslash H, P\neq i,\omega} v_P(f) = \frac{k}{12} \qquad \square$$

補題 3.15. $\gamma = \begin{pmatrix} a & b \\ c & d \end{pmatrix} \in \Gamma, c \neq 0$ とし, $f(z)$ を積分路 $C \subset H$ の上には零点と極をもたない H 上の有理型関数とする. $f(\gamma z) = (cz+d)^k f(z)$ とするとき

$$\int_C \frac{f'(z)}{f(z)}dz - \int_{\gamma C} \frac{f'(z)}{f(z)}dz = -k\int_C \frac{dz}{z+d/c}$$

が成り立つ.

証明. $f(\gamma z) = (cz+d)^k f(z)$ の両辺を z で微分すると
$$f'(\gamma z)\frac{d\gamma z}{dz} = (cz+d)^k f'(z) + kc(cz+d)^{k-1}f(z)$$

これより
$$\frac{f'(\gamma z)}{f(\gamma z)} \cdot \frac{d\gamma z}{dz} = \frac{f'(z)}{f(z)} + k\frac{c}{cz+d}$$

したがって
$$\int_C \frac{f'(z)}{f(z)}dz - \int_{\gamma C} \frac{f'(z)}{f(z)}dz = -k\int_C \frac{dz}{z+d/c} \qquad \square$$

命題 3.14 の結果より，次の命題が成り立つ．

命題 3.16. k を偶数とし，$\Gamma = SL_2(\mathbb{Z})$ とする．このとき，次の (1)〜(5) が成り立つ．

(1) Γ に対するウェイト 0 の保型形式は定数のみである．すなわち $M_0(\Gamma) = \mathbb{C}$ である．

(2) k が負の数あるいは $k = 2$ であれば，$M_k(\Gamma) = 0$ である．

(3) $k = 4, 6, 8, 10, 14$ であれば，$M_k(\Gamma)$ は 1 次元で $E_k(z)$ で生成される．すなわち，これらの k に対し $M_k(\Gamma) = \mathbb{C}E_k(z)$ である．

(4) $k < 12$ あるいは $k = 14$ ならば，$S_k(\Gamma) = 0$ である．$S_{12}(\Gamma) = \mathbb{C}\Delta$ であり，$k > 14$ であれば $S_k(\Gamma) = \Delta M_{k-12}(\Gamma)$ である．ここに，Δ は第 1 節で登場したデルタ関数である．

(5) $k > 2$ に対して $M_k(\Gamma) = S_k(\Gamma) \oplus \mathbb{C}E_k(z)$ である．

証明． [(1) の証明]

$f(z) \in M_0(\Gamma)$ とし，C を $f(z)$ がとる任意の値とする．このとき，$g = f(z) - C \in M_0(\Gamma)$ は零点をもつ．すなわち

$$v_\infty(g) + \frac{1}{2}v_i(g) + \frac{1}{3}v_\omega(g) + \sum_{P \in \Gamma \backslash H, P \neq i, \omega} v_P(g) = \frac{k}{12}$$

の左辺は正の値をとるが，右辺は 0 より矛盾．したがって，$f(z) - C \equiv 0$ であるから $f(z)$ は定数関数である．

[(2) の証明]

$k < 0$ のとき

$$v_\infty(f) + \frac{1}{2}v_i(f) + \frac{1}{3}v_\omega(f) + \sum_{P \in \Gamma \backslash H, P \neq i, \omega} v_P(f) = \frac{k}{12}$$

の左辺は非負数であるが，右辺は負となるので矛盾．

$k = 2$ のとき，(左辺) $\geq \frac{1}{3}$ または (左辺) $= 0$ であるが，(右辺) $= \frac{1}{6}$ より矛盾．

[(3) の証明]

$k = 4, 6, 8, 10, 14$ のとき

$$v_\infty(f) + \frac{1}{2}v_i(f) + \frac{1}{3}v_\omega(f) + \sum_{P \in \Gamma \backslash H, P \neq i, \omega} v_P(f) = \frac{k}{12}$$

が成り立つような $v_P(f)$ の選び方はそれぞれ 1 つしかない. 実際に確かめてみると

$k = 4$ のとき, (右辺) $= 1/3$ より, $v_\omega(f) = 1$ で, 他は 0
$k = 6$ のとき, (右辺) $= 1/2$ より, $v_i(f) = 1$ で, 他は 0
$k = 8$ のとき, (右辺) $= 2/3$ より, $v_\omega(f) = 2$ で, 他は 0
$k = 10$ のとき, (右辺) $= 5/6$ より, $v_i(f) = 1, v_\omega(f) = 1$ で他は 0
$k = 14$ のとき, (右辺) $= 7/6$ より, $v_i(f) = 1, v_\omega(f) = 2$ で他は 0

$f_1(z)$ と $f_2(z)$ を $M_k(\Gamma)$ の 2 つの 0 でない元とする. $f_1(z)$ と $f_2(z)$ は上の結果から同じ零点をもつ. よって, $f_1(z)/f_2(z)$ はウェイト 0 の保型形式である. したがって, (1) の結果から $f_1(z)/f_2(z)$ は定数関数であるから, $f_2(z) = E_k(z)$ ととればよい.

[(4) の証明]

$f(z) \in S_k(\Gamma)$ のとき, $f(z)$ は無限遠点で零点をもつから, $v_\infty(f) > 0$ であり

$$v_\infty(f) + \frac{1}{2}v_i(f) + \frac{1}{3}v_\omega(f) + \sum_{P \in \Gamma \backslash H, P \neq i, \omega} v_P(f) = \frac{k}{12}$$

の左辺の他のすべての項は非負である. このことから, $k = 12, f(z) = \Delta$ とするとき, Δ のただ 1 つの零点が無限遠点であることがわかる. したがって, 任意の k と任意の $f(z) \in S_k(\Gamma)$ に対して f/Δ は無限遠点で正則であるから, これは保型形式である. したがって, $f/\Delta \in M_{k-12}(\Gamma)$ となる. よって

$k < 12, k = 14$ ならば (2) の結果より, $S_k(\Gamma) = 0$
$k = 12$ ならば, (1) の結果より, $f/\Delta \in M_0(\Gamma) = \mathbb{C}$ であるから, $S_{12}(\Gamma) = \mathbb{C}\Delta$
$k > 14$ ならば, $f/\Delta \in M_{k-12}(\Gamma)$ より, $S_k(\Gamma) = \Delta M_{k-12}(\Gamma)$

[(5) の証明]

$E_k(z)$ は無限遠点に零点をもたないから, 与えられた $f(z) \in M_k(\Gamma)$ に対して, $f(z) - CE_k(z) \in M_k(\Gamma)$ が無限遠点で零点をもつような, すなわち $f(z)$ と $E_k(z)$ の Fourier 展開の定数項を一致させるような適当な定数 $C \in \mathbb{C}$ が存在する. そのような C に対して, $f(z) - CE_k(z) \in S_k(\Gamma)$ であるから

$$M_k(\Gamma) = S_k(\Gamma) \oplus \mathbb{C}E_k(z) \qquad \square$$

以上が命題 3.15 から導かれる Γ に対する保型形式, カスプ形式の重要な性質である.

次の命題は, Γ に対する任意の保型形式が, E_4 と E_6 の多項式でかけるということを主張している.

命題 3.17. 任意の $f(z) \in M_k(\Gamma)$ は, 次の形に書き表される.
$$f(z) = \sum_{4i+6j=k} c_{i,j} E_4^i E_6^j$$

証明. k に関する帰納法で示す. $k = 4, 6, 8, 10, 14$ に対して
$$E_4 \in M_4(\Gamma), E_6 \in M_6(\Gamma), E_4^2 \in M_8(\Gamma), E_4 E_6 \in M_{10}(\Gamma), E_4^2 E_6 \in M_{14}(\Gamma)$$
であり, さらに, E_4 と E_8 の定数項は 1 であることから
$$E_4^2 - E_8 \in S_8(\Gamma)$$
したがって, 命題 3.16 (4) より, $E_4^2 = E_8$ が成り立つ. 同様にして
$$E_4 E_6 = E_{10}, \quad E_4^2 E_6 = E_6 E_8 = E_{14}$$
このことと, 命題 3.16 (3) より, $M_k(\Gamma)$ ($k = 4, 6, 8, 10, 14$) はそれぞれ E_k ($k = 4, 6, 8, 10, 14$) により生成されることから, 任意の $f(z) \in M_k(\Gamma)$ ($k = 4, 6, 8, 10, 14$) は
$$f(z) = \sum_{4i+6j=k} c_{i,j} E_4^i E_6^j$$
の形でかける.

次に, $k = 12$ または $k > 14$ のときを考える. k より小さい偶数で成り立つと仮定する. このとき, $4i + 6j = k$ を満たす整数 i, j は存在し, この場合, $E_4^i E_6^j \in M_k(\Gamma)$ となる. $f(z) \in M_k(\Gamma)$ が与えられたとき, $f(z)$ は無限遠点で 0 にならないから, $f(z) - CE_4^i E_6^j \in S_k(\Gamma)$ なる $C \in \mathbb{C}$ が存在する. よって, 命題 3.16 (4) より, $f_1(z) \in M_{k-12}(\Gamma)$ に対して
$$f(z) = CE_4^i E_6^j + \Delta f_1(z)$$
$$= CE_4^i E_6^j + \frac{(2\pi)^{12}}{1728}(E_4^3 - E_6^2) f_1(z)$$
とかくことができる.

ここで, 帰納法の仮定より $f_1(z)$ は
$$f_1(z) = \sum_{4i+6j=k-12} c_{i,j} E_4^i E_6^j$$
の形でかけるから
$$f(z) = CE_4^i E_6^j + \frac{(2\pi)^{12}}{1728}(E_4^3 - E_6^2) \sum_{4i+6j=k-12} c_{i,j} E_4^i E_6^j$$
$$= CE_4^i E_6^j + \sum_{4i+6j=k-12} \frac{(2\pi)^{12}}{1728} c_{i,j} E_4^{i+3} E_6^j - \sum_{4i+6j=k-12} \frac{(2\pi)^{12}}{1728} c_{i,j} E_4^i E_6^{j+2}$$

よって, $f(z)$ は E_4, E_6 の多項式でかける. □

3.3　j 不変量

以下, 格子 L を

$$L = \{m\omega_1 + n\omega_2 \mid m, n \in \mathbb{Z}\}$$

とおき, $z = \dfrac{\omega_1}{\omega_2} \in H$, $\lambda = \omega_2$ とし

$$L_z = \{mz + n \mid m, n \in \mathbb{Z}\}, \quad L = \lambda L_z = \{m\lambda z + n\lambda \mid m, n \in \mathbb{Z}\}$$

と書き表すことにする. また, $k > 2$ に対して, $G_k(L)$ を

$$G_k(L) = \sum_{\substack{m,n \in \mathbb{Z} \\ (m,n) \neq (0,0)}} \frac{1}{(m\omega_1 + n\omega_2)^k}$$

と定義し, $z \in H$ に対し, $g_2(z) = g_2(L_z)$ かつ $g_3(z) = g_3(L_z)$ と定める. すなわち

$$g_2(z) = 60 G_4(z), \quad g_3(z) = 140 G_6(z)$$

と定める. すると, $g_2(z)$ と $g_3(z)$ はそれぞれ, ウェイト 4 とウェイト 6 の Γ に対する保型形式であり, 正規化された Eisenstein 級数を用いて

$$g_2(z) = \frac{4}{3}\pi^4 E_4(z), \quad g_3(z) = \frac{8}{27}\pi^6 E_6(z)$$

と表すことができる.

ここで, 第 1 節で考えたデルタ関数 Δ を格子 L_z に対して考える. すると

$$\Delta(z) = g_2(z)^3 - 27 g_3(z)^2 = \frac{(2\pi)^{12}}{1728}\left(E_4(z)^3 - E_6(z)^2\right)$$

より, $\Delta(z)$ は Γ に対するウェイト 12 の保型形式であることがわかる. さらに, $E_4(z)$ と $E_6(z)$ の定数項が共に 1 であることから, $\Delta(z)$ は保型形式であるだけでなく, カスプ形式である. 定理 3.16 (4) より, これは最も低いウェイトのカスプ形式である.

一般に, 格子 L に対して αL は $\alpha \neq 0$ ならば, L に相似な格子[*25]となる. そして, 少し計算すれば互いに相似な格子 L_z, λL_z に対して

$$g_2(\lambda L_z) = \lambda^{-4} g_2(L_z), \quad g_3(\lambda L_z) = \lambda^{-6} g_3(L_z)$$

すなわち

$$g_2(\lambda L_z)^3 = \lambda^{-12} g_2(L_z)^3, \quad g_3(\lambda L_z)^2 = \lambda^{-12} g_3(L_z)^2$$

[*25] 適当な拡大縮小と回転移動を施すことにより, ぴったり重ねることができる格子同士を相似な格子という.

が成り立つことがわかる．さらに，格子 L_z に対するデルタ関数 $\Delta(L_z) = g_2(L_z)^3 - 27g_3(L_z)^2$ もまた

$$\Delta(\lambda L_z) = \lambda^{-12}\Delta(L_z)$$

を満たす．したがって，比

$$j(L_z) = \frac{1728 g_2(L_z)^3}{\Delta(L_z)}$$

を考えると，これは $L_z \longmapsto \lambda L_z$ の変換で不変である．すなわち $j(L_z) = j(\lambda L_z)$ を満たす．この $j(L_z)$ を格子 L_z に対する楕円曲線の **j 不変量**[*26]と呼ぶ．$g_2(L_z)^3$ と $\Delta(L_z)$ はともに，ウェイト 12 の保型関数であるから，これらの商である $j(L_z)$ は，ウェイト 0 の保型関数となる．

定義 3.18. (j 不変量) ウェイト 0 の保型関数 $j(z)$ を

$$j(z) = \frac{1728 g_2(z)^3}{\Delta(z)} = 1728 \frac{E_4(z)^3}{E_4(z)^3 - E_6(z)^2}$$

で定義する．

第 2 節でみたように，格子 L に対する楕円曲線は $\mathbb{C}$ 上では多様体として複素トーラス $\mathbb{C}/L$ と同型であるから，格子 L に対する楕円曲線と，格子 L に相似な格子 λL ($\lambda \in \mathbb{C}$) に対する楕円曲線は同型である．そして，先程述べたように，j 不変量は $L \longmapsto \lambda L$ の変換で不変であるから，2 つの ($\mathbb{C}$ 上で定義された) 楕円曲線 E, E' が同型になるための必要十分条件は

$$j_E = j_{E'} \quad (\text{ただし}, j_E\text{は楕円曲線 } E \text{ の } j \text{ 不変量を表す.})$$

が成り立つことである．また，j 不変量について，次の命題が成り立つ．

命題 3.19. 関数 $j(z)$ は $\Gamma \backslash \overline{H}$ と Riemann 球面 $\mathbb{C} \cup \{\infty\}$ の間の全単射を与える．

証明． 命題 3.16 (4) の証明でみた通り，$\Delta(z)$ は無限遠点で唯一の零点をもつ．また $g_2(z)$ は無限遠点で零点をもたないので，$j(z)$ は無限遠点で 1 位の極をもち，かつ H 上で正則である．保型形式 $1728 g_2(z)^3 - c\Delta(z) \in M_{12}(\Gamma)$ は無限遠点で零点をもたず，命題 3.14 より，ウェイト 12 の保型関数は零点を 1 つしかもたない．よって，この保型形式はちょうど 1 点 $P \in \Gamma \backslash H$ でのみ零点をもつ．これを $\Delta(z)$ で割れば，ちょうど 1 つの $z \in \Gamma \backslash H$ に対して，$j(z) = c$ となることがわかる．

したがって，$j(z)$ は ∞ を ∞ にうつし，$\Gamma \backslash H$ 上では $\mathbb{C}$ と全単射となるから $j(z)$ は $\Gamma \backslash \overline{H}$ と Riemann 球面 $\mathbb{C} \cup \{\infty\}$ の間の全単射を与える． $\square$

[*26] 不自然に 1728 が掛けられているが，これは $j(z)$ の Fourier 展開の初項の係数，すなわち無限遠点における留数を 1 にするためである．

命題 3.19 が述べるところは, 基本領域 $\Gamma \backslash \overline{H}$ と Riemann 球面 $\mathbb{C} \cup \{\infty\}$ の同型が, j 不変量を用いることにより言えるということである. これは, 複素トーラス $\mathbb{C}/L$ と $\mathbb{C}$ 上の楕円曲線の同型が, $\wp$ 関数とその導関数を用いることにより言えたことの類似である. つまり, $\mathbb{C}$ 上の楕円曲線全体からなる集合を格子の相似で分類し, 各同型類から選んだ代表元の j 不変量の値全体の集合が, モジュラー群の基本領域 $\Gamma \backslash \overline{H}$ (あるいは Riemann 球面 $\mathbb{C} \cup \{\infty\}$) と同じになるということである.

j 不変量の値は楕円曲線が与えられるごとに定まるから, 基本領域 $\Gamma \backslash \overline{H}$ 内の j 不変量の値が表す点は, 楕円曲線の表す点とみなすことができる. この楕円曲線の表す点全体の集合, すなわち基本領域 $\Gamma \backslash \overline{H}$ (あるいは Riemann 球面 $\mathbb{C} \cup \{\infty\}$) を**楕円曲線のモジュライ空間**という. 2 つの楕円曲線の表す点が, このモジュライ空間の中で同じ点であるかどうかは j 不変量の値によって判別できるというわけである.

さて, 命題 3.19 より, 第 1 節の冒頭で保留していた次の事実

> 任意に g_2, g_3 を与えたとき, 楕円曲線 $y^2 = 4x^3 - g_2 x - g_3$ をパラメータ表示する $\wp(z), \wp'(z)$ が存在する.

について, 次のように証明される.

命題 3.20. $A^3 - 27B^2 \neq 0$ を満たす任意の $A, B \in \mathbb{C}$ に対して, 次の条件を満たす格子 $L = \lambda L_z$ が存在する.
$$g_2(L) = A, \quad g_3(L) = B$$

証明. $g_2(L) = 60 \sum_{\substack{m,n \in \mathbb{Z} \\ (m,n) \neq (0,0)}} \dfrac{1}{(m\omega_1 + n\omega_2)^4}$ より, $g_2(\lambda L_z) = \lambda^{-4} g_2(L_z)$ となり, 同様にして, $g_3(\lambda L_z) = \lambda^{-6} g_3(L_z)$ となる. ここで, $g_2(z) = \dfrac{4}{3} \pi^4 E_4(z), g_3(z) = \dfrac{8}{27} \pi^6 E_6(z)$ より, 示すべき命題は次のように言い換えられる.

$A^3 - 27B^2 \neq 0$ を満たす任意の $A, B \in \mathbb{C}$ に対し
$$E_4(z) = \frac{3}{4\pi^4} \lambda^4 A \text{ かつ } E_6(z) = \frac{27}{8\pi^6} \lambda^6 B$$
となる λ と z が存在する.

今, $a = 3A/4\pi^4, b = 27B/8\pi^6$ とする. このとき, 条件 $A^3 - 27B^2 \neq 0$ は $a^3 \neq b^2$ ということになる. もし, $A = 0$ ならば, $j(z_0) = 0$ となる z_0 をとると, $\Delta(z_0) \neq 0$ より, $E_4(z_0) = 0$. これより $E_6(z_0) \neq 0$ となる. また, $A \neq 0$ より $B \neq 0$ から $b \neq 0$ である. よって λ をうまく選べば, $E_6(z_0) = \lambda^6 b$ とできる.

次に $A \neq 0$ とすると,$j(z) = \dfrac{1728 g_2(z)^3}{\Delta(z)} = 1728 \dfrac{E_4(z)^3}{E_4(z)^3 - E_6(z)^2}$ から

$$\frac{E_6(z)^2}{E_4(z)^3} = 1 - \frac{1728}{j(z)}$$

ここで,命題 3.19 より,$j(z)$ は H 上のすべての有限な値をとり,かつ $\dfrac{b^2}{a^3} \neq 1$ より,任意の $A, B \in \mathbb{C}$ に対して

$$\frac{E_6(z)^2}{E_4(z)^3} = 1 - \frac{1728}{j(z)} = \frac{b^2}{a^3}$$

を満たす $z \in H$ が存在する.そして,λ を $E_4(z) = \lambda^4 a$ と選ぶ.このとき $E_6(z)^2 = \lambda^{12} b^2$ すなわち $E_6(z) = \pm \lambda^6 b$ となるが,$E_6(z) = \lambda^6 b$ のときはこの z と λ は命題の条件を満たす.$E_6(z) = -\lambda^6 b$ のときは λ を $i\lambda$ に置き換えれば,命題の条件を満たす z と λ が存在する. □

3.4 合同部分群に対する保型形式

これまで,モジュラー群 Γ に対する保型関数の定義や性質を見てきたが,ここでは特に合同部分群と呼ばれる群に対する保型関数を考える.

定義 3.21. N を正の整数とし

$$\Gamma(N) = \left\{ \begin{pmatrix} a & b \\ c & d \end{pmatrix} \in SL_2(\mathbb{Z}) \,\middle|\, a \equiv d \equiv 1 \pmod{N}, b \equiv c \equiv 0 \pmod{N} \right\}$$

と定める.このとき,$\Gamma(N)$ を**レベル N の主合同部分群**と呼ぶ.

Γ の部分群は,それが $\Gamma(N)$ を含むとき,**レベル N の合同部分群**と呼ぶ.また,Γ の部分群は,それがレベル N の合同部分群となるような N が存在するときに**合同部分群**と呼ぶ.Γ に対する合同部分群の中で特に重要なのは次のものである.

定義 3.22. Γ の合同部分群 $\Gamma_0(N)$ を

$$\Gamma_0(N) = \left\{ \begin{pmatrix} a & b \\ c & d \end{pmatrix} \in \Gamma \,\middle|\, c \equiv 0 \pmod{N} \right\}$$

で定義する.

記号 $f(z)|[\gamma]_k$ を

$$f(z)|[\gamma]_k = (cz+d)^{-k} f(\gamma z), \quad \gamma = \begin{pmatrix} a & b \\ c & d \end{pmatrix} \in \Gamma$$

で定義し,合同部分群に対する保型関数,保型形式,カスプ形式を次のように定義する.

定義 3.23. $f(z)$ を H 上の有理型関数とし, $\Gamma' \subset \Gamma$ をレベル N の合同部分群とする. また, $k \in \mathbb{Z}$ に対して

$$\text{すべての} \gamma \in \Gamma' \text{ に対して}, f(z)|[\gamma]_k = f(z)$$

を満たすとする. このとき, 任意の $\gamma_0 \in \Gamma$ に対し, $f(z)|[\gamma_0]_k$ の Fourier 展開

$$f(z)|[\gamma_0]_k = \sum_{n \in \mathbb{Z}} a_n q_N^n \quad (q_N = e^{2\pi i z/N})$$

において, 負ベキ項, または定数項に注目して次のように定義する.

1. $n < 0$ の部分において, 0 でない項を高々有限個しかもたないとき, $f(z)$ を Γ' に対する**ウェイト k, レベル N の保型関数**という.
2. すべての $n < 0$ に対して, $a_n = 0$ であるとき, $f(z)$ を Γ' に対する**ウェイト k, レベル N の保型形式**という.
3. すべての $n \leqq 0$ に対して, $a_n = 0$ であるとき, $f(z)$ を Γ' に対する**ウェイト k, レベル N のカスプ形式**という.

例 3.24.

$$f = q \prod_{n=1}^{\infty} (1-q^n)^2 (1-q^{11n})^2 = \sum_{n=1}^{\infty} a_n q^n = q - 2q^2 - q^3 + 2q^4 + q^5 + 2q^6 - \cdots$$

はウェイト 2, レベル 11 の保型形式である. [*27]

f の Fourier 展開の係数 a_n は互いに素な整数 m, n に対し, $a_{mn} = a_m a_n$ を満たし, さらに素数 p と自然数 l に対し

$$a_{11^l} = 1, \quad a_{p^{l+2}} = a_p a_{p^{l+1}} - p \cdot a_{p^l} \quad (p \neq 11)$$

という漸化式を満たす. [*28]

ここで, $a_{11^l} = 1$ と $a_{p^{l+2}} = a_p a_{p^{l+1}} - p \cdot a_{p^l}$ $(p \neq 11)$ はそれぞれ形式的に, 次の無限級数

$$\sum_{l=0}^{\infty} a_{11^l} 11^{-ls} = \frac{1}{1 - 11^{-s}}, \quad \sum_{l=0}^{\infty} a_{p^l} p^{-ls} = \frac{1}{1 - a_p p^{-s} + p \cdot p^{-2s}}$$

の形に表すことができる. よって, すべての素数 p に対して, この 2 式の両辺の積をとると

$$\prod_p \sum_{l=0}^{\infty} a_{p^l} p^{-ls} = \prod_{p \neq 11} \frac{1}{1 - a_p p^{-s} + p^{1-2s}} \cdot \frac{1}{1 - 11^{-s}}$$

[*27] 参考文献 [4] の第 9 章, 参考文献 [5] の第 3 章, 命題 3.19 参照.
[*28] 一般の場合の証明は, 参考文献 [7] の第 2 章命題 2.45 参照.

ところで，互いに素な整数 m, n に対し，$a_{mn} = a_m a_n$ が成り立つことから，左辺について

$$\prod_p \sum_{l=0}^{\infty} a_{p^l} p^{-ls} = \sum_{n=1}^{\infty} a_n n^{-s}$$

が成り立つ．これは，Riemann ゼータ関数の等式

$$\prod_p \sum_{n=0}^{\infty} (p^{-s})^n = \sum_{n=1}^{\infty} n^{-s}$$

を導くときと同様の議論から導かれる．したがって，保型形式 f の Fourier 展開の係数 a_n を用いて作られる，この保型形式 f の **L 関数** と呼ばれる関数

$$L(s, f) = \sum_{n=1}^{\infty} a_n n^{-s}$$

を考えると，これは

$$L(s, f) = \prod_{p \neq 11} \frac{1}{1 - a_p p^{-s} + p^{1-2s}} \cdot \frac{1}{1 - 11^{-s}}$$

という Euler 積表示をもつ．

保型形式 f の L 関数がこのような Euler 積表示をもつことを最初に見抜いたのは Ramanujan である．彼は，1916 年に保型形式

$$\Delta(z) = q \prod_{n=1}^{\infty} (1 - q^n)^{24}$$

の L 関数 $\sum_{n=1}^{\infty} a_n q^n$ が，Euler 積表示

$$L(s, \Delta) = \prod_p \frac{1}{1 - a_p p^{-s} + p^{11-2s}}$$

をもつことを予想し，さらに先程述べた保型形式

$$f = q \prod_{n=1}^{\infty} (1 - q^n)^2 (1 - q^{11n})^2 = \sum_{n=1}^{\infty} a_n q^n = q - 2q^2 - q^3 + 2q^4 + q^5 + 2q^6 - \cdots$$

の L 関数が，先程述べたような Euler 積表示をもつことを予想した．

何をどういう風に計算すればこのような予想が出来るのか筆者のような凡人には皆目見当もつかないが，Ramanujan は電卓もスマホもコンピューターも使わず，紙と鉛筆と自らの卓越した頭脳だけを用いて，これに限らず人々を驚愕させる結果や予想をいくつも導いたのである．前者は翌 1917 年に Mordell により証明され，後者は約 40 年後の 1954

年に Eichler（アイヒラー）により証明された．実は，楕円曲線に対してもそれに対応する L 関数が定義されるのだが，Eichler は驚くべきことに，上の保型形式 f に対する L 関数の Euler 積表示と楕円曲線 $E: y^2 + y = x^3 - x^2$ の L 関数が一致することを示した．つまり，保型形式の L 関数から楕円曲線の L 関数が導かれたのである．このことは，保型形式と楕円曲線が L 関数を通じて対応関係にあることを意味している．この結果は，後に述べる谷山–志村–Weil 予想や Fermat の最終定理の解決に大きく寄与するものであった．

この話を聞いた読者諸氏は，これまでまったく別々に語られてきた保型形式と楕円曲線の間にこんな対応関係があるなんて数学とは不思議なものだなぁと，感心されているに違いない．数学とはサプライズが大好きな学問なのである．この保型形式と楕円曲線の対応関係については，後程詳しく説明する．

$L(s, \Delta)$ が Euler 積表示をもつことが示された約 10 年後の 1929 年に，Wilton（ウィルトン）が $L(s, \Delta)$ が全複素 s 平面に解析接続されることを示し，さらに

$$\hat{L}(s, \Delta) = (2\pi)^{-s} \Gamma(s) L(s, \Delta)$$

とおくと，$\hat{L}(s, \Delta)$ は対称な関数等式

$$\hat{L}(s, \Delta) = \hat{L}(12 - s, \Delta)$$

を満たすことを示した．ここに，$\Gamma(s)$ はガンマ関数である．

L 関数はゼータ関数と呼ばれるもののうちの 1 つである．[*29] つまり，Ramanujan は保型形式からゼータ関数 (L 関数) を作ることができるということを予想したことになる．しかも逆に，全複素 s 平面に解析接続され，さらに $s \longleftrightarrow \alpha - s$ という形の対称な関数等式を満たす Euler 積はすべて保型関数であろうと予想した人物がいた．彼の名は Langlands（ラングランズ）である．これは今日では **Langlands 予想** と呼ばれており，現在も完全には解決されていない．ゼータ関数の対称な関数等式は保型性の言い換えであり，また，保型形式の保型性がゼータ関数に対称性をもたらしているのである．このように，ゼータ関数の対称性と保型形式の保型性は，人類がまだ到達できないほど深い谷の底で，深遠で美しい関係で結ばれているのである．

ところで，Wilton は上記のことに加え，さらに $L(s, \Delta)$ および $\hat{L}(s, \Delta)$ が関数等式 $s \longleftrightarrow 12 - s$ の中心軸 $\text{Re}(s) = 6$ 上に無限個の零点が存在することも証明している．この結果は，このゼータ関数 (L 関数) についての Riemann 予想「$\hat{L}(s, \Delta)$ の零点はすべて $\text{Re}(s) = 6$ 上にある」に大きく近づくものであった．

[*29] p^{-s} の 2 次式が含まれていることから，2 次のゼータ関数と呼ばれる．つまり，Ramanujan は 2 次のゼータ関数を発見した最初の人物なのである．ところで，$L(s, \Delta)$ の中にあらわれる p^{11-2s} の 11 は，物理学の弦理論において宇宙が始まったときの宇宙の次元 $26 = (11+1) \times 2 + 2$ に関係しているらしい．物理学の知識がない筆者には何を言っているのかさっぱりわからないが，こんなところにまでゼータ関数が関係していると，「ゼータはこの世の真理である」と言いたくなる気持ちもわかる気がする．

なお, 詳しくは述べないが, 先程述べた数列 $\{a_p\}$ に関する漸化式を導く上で, 保型形式のなす空間に作用する作用素である, 次の **Hecke 作用素**[*30] が用いられる.

定義 3.25. f を Γ に対するウェイト k の保型形式とする. $m \geqq 1$ に対して, Hecke 作用素

$$T_k(m) : M_k(\Gamma) \longrightarrow M_k(\Gamma)$$

を次のように定義する.

$$(T_k(m)f)(z) = m^{k-1} \sum_{ad=m} \sum_{b=0}^{d-1} d^{-k} f\left(\frac{az+b}{d}\right)$$
$$= \sum_{n=0}^{\infty} \left(\sum_{d|(m,n)} d^{k-1} a\left(\frac{mn}{d^2}, f\right) \right) q^n$$
$$= \sigma_{k-1}(m) a(0, f) + \sum_{n=1}^{\infty} \left(\sum_{d|(m,n)} d^{k-1} a\left(\frac{mn}{d^2}, f\right) \right) q^n$$

ただし, $a(n, f)$ は f の Fourier 展開の係数, つまり

$$f = \sum_{n=0}^{\infty} a(n, f) q^n$$

である.

例 3.24 の f は $T_2(m)$ の同時固有関数になっている. すなわち, $m \geqq 1$ に対して

$$T_2(m) f = \lambda(m, f) f$$

となる.

一般に, $f \in M_k(\Gamma)$ が $T_k(m)$ の同時固有関数

$$T_k(m) f = \lambda(m, f) f$$

となっているとき

$$L(s, f) = \sum_{m=1}^{\infty} \lambda(m, f) m^{-s} = \prod_p \frac{1}{1 - \lambda(p, f) p^{-s} + p^{k-1-2s}}$$

が保型形式 f の L 関数と呼ばれる. f が 0 でないカスプ形式のとき, $L(s, f)$ は全複素 s 平面に解析接続され, さらに

$$\hat{L}(s, f) = (2\pi)^{-s} \Gamma(s) L(s, f)$$

[*30] Hecke 作用素に和, 積を定義して得られる環を Hecke 環という.

とすると，対称な関数等式

$$\hat{L}(s,f) = (-1)^{\frac{k}{2}}\hat{L}(k-s,f)$$

が成り立つことが知られている．

4 楕円曲線上の有理点と保型形式

この節では，有限体上で定義される楕円曲線上の有理点と保型形式の関係について述べる．また，楕円曲線と保型形式の対応について述べている谷山–志村–Weil 予想を紹介し，この予想を用いた Fermat の最終定理の証明のおおまかな流れについても紹介する．

最初に断っておくと，この節に登場する命題については証明を与えない．理由はいくつかある．まずこの節で述べることをすべて説明しようとすると，そのために必要な予備知識が多すぎてそれだけで分厚い本ができてしまう．また，それらの証明は，非常に難解なものであり，したがって，本書のレベル (すなわち筆者のレベル) を大きく逸脱するからである．証明の細部まで気になる方は，参考文献 [4], [7], [10], [11] 等を読んでほしい．

4.1 有限体上の楕円曲線の有理点

第 1 節において

$$y^2 = ax^3 + bx^2 + cx + d \ (a,b,c,d \in \mathbb{Q}) \quad a \neq 0, \ \text{右辺は重根をもたない}$$

なる方程式で表される曲線を，$\mathbb{Q}$ 上で定義された楕円曲線と呼んだ．ここでは，楕円曲線の方程式の係数を有限体 $\mathbb{F}_p$ 上で考えるのでもう少し精密に考える必要がある．というのも，例えば $y^2 = x^3 + x$ という楕円曲線と，x を $5x$ に置き換えた楕円曲線 $y^2 = 125x^3 + 5x$ は $\mathbb{Q}$ 上同型な楕円曲線であるが，後者の係数を $\mathbb{F}_5$ 上で考えると $y^2 = 0$ となり，これは $\mathbb{F}_5$ 上では楕円曲線でない．このように，同じ楕円曲線でも方程式の形が異なるだけで係数を還元したときの様子が変わってしまっては困るので，次のように考えることにする．

定義 4.1. 3 次式

$$E : y^2 + a_1 xy + a_3 y = x^3 + a_2 x^2 + a_4 x + a_6, \quad a_1, \cdots, a_6 \in \mathbb{Z} \tag{8}$$

で与えられる曲線を考える．ここで

$$b_2 = a_1^2 + 4a_2, \quad b_4 = 2a_4 + a_1 a_3, \quad b_6 = a_3^2 + 4a_6,$$
$$b_8 = a_1^2 a_6 + 4a_2 a_6 - a_1 a_3 a_4 + a_2 a_3^2 - a_4^2$$

とおき

$$\Delta = -b_2^2 b_8 - 8b_4^3 - 27b_6^2 + 9b_2 b_4 b_6$$

と定義し, E の判別式と呼ぶ. この判別式 Δ が

$$\Delta \neq 0$$

満たすとき, (8) で与えられた曲線 E を整数係数の楕円曲線と呼ぶ.*31

有理数 $u, r, s, t \in \mathbb{Q}$ $(u \neq 0)$ をとり, x を $u^2x + r$ に, y を $u^3y + su^2x + t$ におきかえると新しく (8) の型の方程式が得られる. このとき, 新しく得られた方程式も整数係数であるとする. このような変形をして得られる整数係数の楕円曲線のうち, 判別式の絶対値が最小のものを**極小 Weierstrass モデル**と呼ぶ.

さて, E を $\mathbb{Q}$ 上に定義された楕円曲線とする. 先程述べた変形により E を極小 Weierstrass モデルに変形したとき, 素数 p が Δ を割り切らないならば, E は p で**良い還元**をもつといい, 素数 p が Δ を割り切るとき, E は p で**悪い還元**をもつという. E が p でよい還元をもつとき, (8) の方程式の係数を, mod p したものは $\mathbb{F}_p$ 上の楕円曲線になる.

E が p で悪い還元をもつとする. 素数 p が $b_2^2 - 24b_4$ を割り切らないとき, E は p で**乗法的還元**をもつという. p が $b_2^2 - 24b_4$ を割り切るとき, E は p で**加法的還元**をもつという. 良い還元と乗法的還元を合わせて**準安定還元**という. E がすべての素数で準安定還元をもつとき, E は**準安定な楕円曲線**であるという. E が p で乗法的還元をもつとき, $E \bmod p$ には 2 重点がある. E の方程式を $\mathbb{F}_p$ 上で考え, 形式的に接線なども考えることにする. この 2 重点での接線の傾きがともに $\mathbb{F}_p$ に属するとき, **分裂乗法的還元**, そうでないとき, **非分裂乗法的還元**と呼ぶ.

有限体 $\mathbb{F}_p$ 上で定義された楕円曲線 E の有理点*32 と, 無限遠点を合わせたものの個数を $\sharp E(\mathbb{F}_p)$*33 とかくことにし

$$a_p = p + 1 - \sharp E(\mathbb{F}_p)$$

とする. また, 楕円曲線 E に対して, 良い還元, 分裂乗法的還元, 非分裂乗法的還元をもつ素数全体の集合をそれぞれ

$$G_E, S_E, N_E$$

で表すことにする. このとき, $\mathbb{Q}$ 上の楕円曲線 E に対して **L 関数** $L(E, s)$ を次のように定義する.

---

*31 $\mathbb{Q}$ 上では y を $\dfrac{1}{2}(y - a_1x - a_3)$ に置き換えることにより, $y^2 = 4x^3 + b_2x^2 + 2b_4x + b_6$ の形に, つまり, 冒頭で $\mathbb{Q}$ 上の楕円曲線を定義したときの方程式の形に変形できる.

*32 正確には, $\mathbb{F}_p$ - 有理点と呼ぶべきであるが, 以下このような場合でも, 単に有理点と呼ぶことにする.

*33 $\sharp E(\mathbb{F}_p)$=[E の $\mathbb{F}_p$ 上での有理点の個数]+1 である.

定義 4.2. $\mathbb{Q}$ 上の楕円曲線 E に対して，L 関数 $L(E,s)$ を

$$L(E,s) = \prod_{p \in G_E} \frac{1}{1 - a_p p^{-s} + p^{1-2s}} \prod_{p \in S_E} \frac{1}{1 - p^{-s}} \prod_{p \in N_E} \frac{1}{1 + p^{-s}}$$

により定義する．

$L(E,s)$ は $\mathrm{Re}(s) > 3/2$ なる複素数 s に対して絶対収束し，さらに全複素 s 平面へ解析接続されることが知られている．第 2 節で，与えられた楕円曲線の rank を求める一般的な方法はまだわかっていないと述べたが，楕円曲線の rank はその楕円曲線の L 関数を調べればわかるのではないかと予想した者たちがいた．その者たちの名は，Birch と Swinnerton-Dyer である．彼らはコンピューターによる膨大な実験結果から，L 関数の $s = 1$ での零点の位数はその楕円曲線の rank に等しいと予想した．これは，今日では **Birch–Swinnerton-Dyer 予想 (BSD 予想)** と呼ばれ，かの有名な Riemann 予想と同様に，アメリカのクレイ数学研究所が 100 万ドルの賞金をかけた未解決問題である．また，楕円曲線の rank が 0 より大きいことと，その楕円曲線が無限に多くの有理点をもつことは同値であるから，もし Birch–Swinnerton-Dyer 予想が正しいとすれば次のことが成り立つ．

$$L(E,1) = 0 \Longleftrightarrow E \text{ は無限個の有理点をもつ}$$

これは，弱 Birch–Swinnerton-Dyer 予想と呼ばれている．

ここで，第 2 節で述べた合同数問題について思い出してほしい．正の整数 n が合同数であるためには，楕円曲線 $E_n : y^2 = x^3 - n^2 x$ の rank が 0 でないことが必要十分であった．よって，Birch–Swinnerton-Dyer 予想が正しいとすれば次のことが成り立つ．

$$L(E_n, 1) \neq 0 \Longleftrightarrow n \text{ は合同数}$$

1983 年に Tunnel は，Birch–Swinnerton-Dyer 予想が正しいという仮定の下で，合同数問題について決定的な結果を得た．

命題 4.3. n を平方因子をもたない正の整数とする．整数 A_n, B_n, C_n, D_n を次のように定義する．

$$A_n = \sharp\{x,y,z \in \mathbb{Z} \mid n = 2x^2 + y^2 + 32z^2\}$$
$$B_n = \sharp\{x,y,z \in \mathbb{Z} \mid n = 2x^2 + y^2 + 8z^2\}$$
$$C_n = \sharp\{x,y,z \in \mathbb{Z} \mid n = 8x^2 + 2y^2 + 64z^2\}$$
$$D_n = \sharp\{x,y,z \in \mathbb{Z} \mid n = 8x^2 + 2y^2 + 16z^2\}$$

このとき, Birch–Swinnerton-Dyer 予想が正しいとすれば次のことが成り立つ. [*34]

$$n \text{ が奇数の合同数} \iff 2A_n = B_n$$
$$n \text{ が偶数の合同数} \iff 2C_n = D_n$$

与えられた n に対して, $2A_n = B_n$ あるいは $2C_n = D_n$ を満たすかどうか判定することは比較的容易である. したがって, Birch–Swinnerton-Dyer 予想が正しいことが証明されたら, 同時に合同数問題も実質的に解決されたことになるのである.

現在, Birch–Swinnerton-Dyer 予想は rank が 0 と 1 の楕円曲線についてはだいぶよくわかっているが, rank が 1 より大きい楕円曲線については全く未解決である. しかし, Birch–Swinnerton-Dyer 予想は膨大な実験結果から, 現在では完全に正しい予想であるとみなされている.

以上のことからも, 楕円曲線の L 関数というのは, その楕円曲線に関する様々な情報がつまった大変重要な関数であるということがおわかりいただけたであろう.

さて, このように楕円曲線 E の L 関数 $L(E,s)$ は Euler 積により定義されるが, これを形式的に Dirichlet 級数の形に

$$L(E,s) = \sum_{n=1}^{\infty} a_n n^{-s}$$

とかくことにする. このとき, 右辺の a_n は, L 関数の Euler 積表示の中にあった a_p と一致する. 楕円曲線の L 関数は, その楕円曲線に関する様々な情報が詰まった大変重要な関数であることは先程述べたが, 楕円曲線の L 関数のことをよく知るためには当然, 数列 $\{a_n\}$ のことがよくわかっていなければならない. つまり, 楕円曲線の数論のためには, 数列 $\{a_n\}$ について知ることが大変重要なのである. そして, 大変驚くべきことに, この数列 $\{a_n\}$ は保型形式の世界と繋がっている, ということを主張しているのが次に述べる**谷山–志村–Weil 予想**[*35]である.

[*35] 正確には $\Longrightarrow$ は既に示されており, $\Longleftarrow$ が Birch–Swinnerton-Dyer 予想を仮定すれば成り立つ.

[*35] 谷山–志村–Weil 予想は, 1955 年に谷山豊が日光の国際シンポジウムで提唱した 2 つの問題 (谷山予想) が原型で, 谷山の死後, 志村五郎が正確に定式化したものである. ヨーロッパの数学界にこの予想を最初に持ち込んだのが当時の数学界の権威であった Weil であったため, 谷山–志村–Weil 予想と呼ばれている. ただ, 「私は楕円曲線に関する本ならいくらでも書くことができる. これは脅しではない. 」という脅し文句で有名な Lang が言うには, Weil はこの予想の研究になにも貢献していなかったらしく, 谷山–志村予想と呼ばれることも多い. そもそも数学は毛ほどのミスも許さない冷酷な学問であるにもかかわらず, 何故か定理の名前の付け方に関しては「まぁ細かいことはあまり気にするなよ」というスタイルをとっているので, あまり気にする必要はない. なお, 谷山–志村–Weil 予想は現在では完全に証明されており, モジュラー性定理と呼ばれているらしいが, あまり浸透していないようだ.

予想 4.4.（**谷山–志村–Weil 予想**）　E を $\mathbb{Q}$ 上に定義された導手[*36] N の楕円曲線とし，その L 関数を

$$L(E,s) = \sum_{n=1}^{\infty} a_n n^{-s}$$

とする．このとき

$$f = \sum_{n=1}^{\infty} a_n q^n$$

はウェイト 2, レベル N の Hecke 作用素の同時固有関数である保型形式 (カスプ形式) となる．

　一般に，数列 $\{a_n\}$ を Fourier 展開の係数にもつ保型形式 f の L 関数は

$$L(s,f) = \sum_{n=1}^{\infty} a_n n^{-s}$$

で定義される．よって，谷山–志村–Weil 予想の述べるところは，$\mathbb{Q}$ 上に定義された導手 N の楕円曲線の L 関数は，あるウェイト 2, レベル N の保型形式の L 関数と一致するということになる．つまり，第 3 節で述べた，例 3.24 のような対応がすべての楕円曲線に対して存在するということである．

　保型形式は「保型性」という大変強い条件をもった関数である．したがって，保型形式の Fourier 展開の係数 $\{a_n\}$ は，保型性という大変強い条件を一身に受け止めていることになる．よって，楕円曲線の有理点の個数を表す数列がそのような数列の中に現れるということを主張している谷山–志村–Weil 予想は，楕円曲線論において非常に強いことを主張していると同時に，大変驚くべき予想なのである．

　ところで，谷山–志村–Weil 予想を満たすような楕円曲線については，その L 関数の全複素平面への解析接続と，L 関数がある関数等式を満たすことが知られていた．したがって，谷山–志村–Weil 予想が完全に解決されたということは，同時に楕円曲線の L 関数の解析接続に関する重要な予想も解決されたということになるのである．しかも，逆に $\mathbb{Q}$ 上で定義された楕円曲線の L 関数が全複素平面に解析接続され，さらにある関数等式を満たせば，その楕円曲線は谷山–志村–Weil 予想を満たすことを 1967 年に Weil が示した．楕円曲線の L 関数，すなわちゼータ関数が，そのような解析的によい性質をもつということは，ゼータ関数についてよく知る者で疑うような者は誰 1 人いないだろう．これによって，谷山–志村–Weil 予想は絶対に正しいとみなされるようになったのである．

　次の例により，楕円曲線 $y^2 + y = x^3 - x^2$ に対する谷山–志村–Weil 予想が，最初のいくつかの素数 p に対して成り立つことがわかる．

[*36] $\mathbb{Q}$ 上の準安定楕円曲線 E に対し，E が悪い還元をもつような素数すべての積を E の **導手** と呼ぶ．

例 4.5. 楕円曲線 $E: y^2 + y = x^3 - x^2$ 上の $\mathbb{F}_p$ での有理点の個数 $\sharp E(\mathbb{F}_p) - 1$ について考える.

最初のいくつかの素数 p に対して, 楕円曲線 E の有理点の個数 $\sharp E(\mathbb{F}_p) - 1$ を考えると, 次の表のようになる.

p	2	3	5	7	11	13	17	19	23	29	31	37	41
$\sharp E(\mathbb{F}_p) - 1$	4	4	4	9	10	9	19	19	24	29	24	34	49

次に, この曲線に対応する保型形式として, 例 3.24 で述べた, ウェイト 2, レベル 11 の保型形式

$$f = q \prod_{n=1}^{\infty} (1-q^n)^2 (1-q^{11n})^2 = q - 2q^2 - q^3 + 2q^4 + q^5 + 2q^6 - \cdots$$

を考える. この保型形式 f の Fourier 展開の係数として, a_n を定めると

$$\begin{aligned} f &= q \prod_{n=1}^{\infty} (1-q^n)^2 (1-q^{11n})^2 \\ &= q - 2q^2 - q^3 + 2q^4 + q^5 + 2q^6 - 2q^7 - 2q^9 - 2q^{10} + q^{11} - 2q^{12} + 4q^{13} + 4q^{14} \\ &\quad - q^{15} - 4q^{16} - 2q^{17} + 4q^{18} + 2q^{20} + 2q^{21} - 2q^{22} - q^{23} - 4q^{25} - 8q^{26} + 5q^{27} \\ &\quad - 4q^{28} + 2q^{30} + 7q^{31} + 8q^{32} - q^{33} + 4q^{34} - 2q^{35} - 4q^{36} + 3q^{37} - 4q^{39} - 8q^{41} \\ &\quad - 4q^{42} - 6q^{43} + 2q^{44} - 2q^{45} + 2q^{46} + 8q^{47} + 4q^{48} - 3q^{49} + 8q^{50} + \cdots \end{aligned}$$

であるから

p	2	3	5	7	11	13	17	19	23	29	31	37	41
$p - a_p$	4	4	4	9	10	9	19	19	24	29	24	34	49

となり, 先程の表と見比べると, $\sharp E(\mathbb{F}_p) - 1$ と $p - a_p$ の値が一致していることがわかる.

ところで, この例の楕円曲線 E は, その判別式を計算すると $\Delta = -11$ であるから, 11 以外の素数で良い還元をもつ準安定な楕円曲線である. このことは, 例 3.24 で述べた保型形式 f の Fourier 展開の係数が満たす漸化式や, 保型形式 f からくる L 関数の Euler 積表示において, $p = 11$ が例外的になっていることに対応している.

4.2 n 等分点と Galois(ガロア) 群の作用

有限体 $\mathbb{F}_p$ 上の楕円曲線の有理点の個数 $\sharp E(\mathbb{F}_p)$ を保型形式に対応させる上で, それぞれの Galois 群の作用を調べることは大変重要なことである. なぜなら驚くべきことに, 楕円曲線の有理点の個数を表す数列が, 楕円曲線に関する Galois 表現から得ることができるのである. よって, 谷山–志村–Weil 予想を難解な楕円曲線に関する問題としてではなく, Galois 表現の問題として捉えることができるようになった. 実際に Wiles(ワイルズ) は, 準安

定な楕円曲線における谷山–志村–Weil 予想を，楕円曲線と保型形式から得られる Galois 表現を調べることにより解決した．ここでは，楕円曲線と保型形式に関する Galois 表現について簡単に説明する．

E を $\mathbb{Q}$ 上に定義された楕円曲線, $E[n]$ を E の n 等分点[*37]全体のなす $E(\mathbb{C})$ の部分群とする．このとき, $E[n]$ は Abel 群としては $\mathbb{Z}/n\mathbb{Z} \oplus \mathbb{Z}/n\mathbb{Z}$ に同型である．有理数体 $\mathbb{Q}$ の代数的閉包を $\overline{\mathbb{Q}}$ で表し，その Galois 群を $G_\mathbb{Q} = \mathrm{Gal}(\overline{\mathbb{Q}}/\mathbb{Q})$ で表す．そして，$P = (x, y) \in E[n]$ に対して Galois 群の元 $\sigma \in G_\mathbb{Q}$ の作用を

$$\sigma(P) = (\sigma(x), \sigma(y))$$

と定義する.[*38] $E[n] \cong \mathbb{Z}/n\mathbb{Z} \oplus \mathbb{Z}/n\mathbb{Z}$ であることから，任意の $P \in E[n]$ は，ある $e_1, e_2 \in E[n]$ を用いて

$$P = ae_1 + be_2 \quad a, b \in \mathbb{Z}/n\mathbb{Z}$$

と表せる. $nP = 0$ ならば, $n\sigma(P) = \sigma(nP) = 0$ より, $\sigma(P) \in E[n]$ となる．そこで

$$\sigma(e_1) = ae_1 + ce_2, \quad \sigma(e_2) = be_1 + de_2$$

とすれば, 群の準同型写像

$$\sigma \in G_\mathbb{Q} \longmapsto \begin{pmatrix} a & b \\ c & d \end{pmatrix} \in GL_2(\mathbb{Z}/n\mathbb{Z})$$

が定義される．これを，E の n 等分点が定める Galois 表現という．

次に，この E の n 等分点が定める Galois 表現を拡張した Galois 表現を考える．具体的には，先程は楕円曲線の n 等分点に関する Galois 群の作用を考えることにより準同型写像を定義したが，今度は Tate(テイト) 加群への Galois 群の作用により準同型写像を定義する．

Tate 加群とは，p^n 等分点 $E[p^n]$ の p 倍写像に関する逆極限により定義される階数 2 の自由 $\mathbb{Z}_p$ 加群である．ここで, $\mathbb{Z}_p$ は p 進整数と呼ばれるものの全体のなす集合である．これは，有理数体 $\mathbb{Q}$ を p 進距離なるもので完備化した p 進体と呼ばれるものの一部 (部分環) である．この $\mathbb{Z}_p$ 加群の元を Tate 加群への Galois 群の作用でうつすことにより，連続な準同型写像を定義するのである．

難しい専門用語がいくつかでてきたので, 用語の説明も交えながら順番に説明していこう．

定義 4.6. 集合 X_n $(n = 1, 2, \cdots)$ と写像 $f_n \colon X_{n+1} \longrightarrow X_n$ $(n = 1, 2, \cdots)$ からなる系列

$$\cdots \xrightarrow{f_4} X_4 \xrightarrow{f_3} X_3 \xrightarrow{f_2} X_2 \xrightarrow{f_1} X_1$$

[*37] n 倍すると 0 になる点のことを n 等分点という．
[*38] $P = (x, y) \in E[n]$ のとき, P の x 座標, y 座標は共に $\mathbb{Q}$ 上代数的である．

が与えられたとき, 積集合 $\prod_{n\geq 1} X_n$ の部分集合

$$\{(a_n)_{n\geq 1} \in \prod_{n\geq 1} X_n \mid \text{すべての } n \geq 1 \text{ に対して}, f_n(a_{n+1}) = a_n\}$$

をこの系列の**逆極限**といい, $\varprojlim X_n$ とかく.

逆極限の意味はこの定義だけ見ても少しわかりにくいので, 具体例を1つ挙げよう.

先程の定義において $X_n = E[p^n]$ とし, 素数 p に対し f を p 倍写像 $E[p^{n+1}] \longrightarrow E[p^n]$ とする. このとき, 系列

$$\cdots \xrightarrow{f_4} E[p^4] \xrightarrow{f_3} E[p^3] \xrightarrow{f_2} E[p^2] \xrightarrow{f_1} E[p]$$

の逆極限 $\varprojlim E[p^n]$ の意味を考えてみよう. 逆極限 $\varprojlim E[p^n]$ の元 $(a_n)_{n\geq 1}$ は次の意味をもつものである.

a_1 は, 楕円曲線 E の有理点全体の集合をいくつかの部屋に分けたとき, p 倍することで 0 になる元全体が集まっている部屋 $E[p]$ の元である.

a_2 は, $f_1(a_2) = a_1$ を満たす $E[p^2]$ の元であるが, これは部屋 $E[p]$ をさらに細かい部屋に分けたとき, p^2 倍することで 0 になる元全体が集まっている部屋の元であることを意味する. つまり, a_2 は $E[p] \cap E[p^2]$ の元である.

a_3 は, $f_2(a_3) = a_2$ を満たす $E[p^3]$ の元であるが, これは a_2 が入っている部屋をさらに細かい部屋に分けたとき, p^3 倍することで 0 になる元全体が集まっている部屋の元であることを意味する. つまり, a_3 は $E[p] \cap E[p^2] \cap E[p^3]$ の元である.

このように, 部屋 $E[p]$ をどんどん細かい部屋に分割し続けていき, 各部屋から 1 つずつ元を選んでくることが逆極限 $\varprojlim E[p^n]$ の元を与えることであり, そのような元全体の集合が逆極限 $\varprojlim E[p^n]$ なのである. そして, この逆極限 $\varprojlim E[p^n]$ が Tate 加群と呼ばれるものである.

定義 4.7. p を素数とする. 正の整数 n に対し p^n 等分点 $E[p^n]$ を考え, p 倍写像 $p : E[p^{n+1}] \longrightarrow E[p^n]$ に関する逆極限

$$T_p(E) = \varprojlim E[p^n]$$

を **Tate 加群**と呼ぶ.

次に p 進体について簡単に説明しておこう.

p 進体とは, 有理数体 $\mathbb{Q}$ の拡大体で, 1897 年に Hensel(ヘンゼル) によって導入されたものである. p 進体は各素数 p ごとに与えられ, $\mathbb{Q}_p$ とかく. 実数体 $\mathbb{R}$ とは, $\mathbb{Q}$ を通常の距離について距離空間とみたときの完備化であるが, 先程述べたように, p 進体 $\mathbb{Q}_p$ とは, $\mathbb{Q}$ を p 進距離なるものについて距離空間とみたときの完備化である. p 進距離とは, p 進付値と呼ばれる整数により定まる距離である. ここで, p 進付値とは次のようなものである.

定義 4.8. 素数 p と有理数 t に対し，t の **p 進付値**と呼ばれる整数 $\mathrm{ord}_p(t)$ を，有理数 t を $t = p^m \dfrac{u}{v}$ ($m \in \mathbb{Z}$, u, v は p を因数にもたない整数) の形に表したとき

$$\mathrm{ord}_p(t) = m \ (t \neq 0), \quad \mathrm{ord}_p(0) = \infty \ (t = 0)$$

と定義する．

$\mathbb{Q}_p$ における数の「距離感」は $\mathbb{R}$ のそれとは全く異なるものである．例えば，mod 3 で整数を類別するということは，整数全体を 3 つの部屋に分けるということであり，同じ部屋に属する 1 と 4 の方が，互いに他の部屋に属する 1 と 3 よりも「近い」という感覚が生じる．次に整数を，mod 9 で類別すれば，mod 3 での類別による 3 つの部屋の各々をさらに，$\equiv 1 \bmod 9$ なる整数を集めた小部屋，$\equiv 4 \bmod 9$ なる整数を集めた小部屋，$\equiv 7 \bmod 9$ なる整数を集めた小部屋などの 3 つの部屋に分けることになる．すると，1 と 4 と 19 は，mod 3 の類別では同じ部屋に入ったが，mod 9 の類別では，1 と 4 は別々の部屋に入り，1 と 19 は同じ部屋に入る．したがって，4 は 3 よりも 1 に「近い」が，19 は 4 よりもさらに 1 に「近い」という感覚が生じる．つまり，p を素数とするとき，整数 a, b が十分大きい n に対して

$$a \equiv b \pmod{p^n}$$

を満たすとき，整数 a, b は，p 進的に「非常に近い」ということになる．この距離感を有理数に対して拡張すると，有理数 a, b に対し

$$\mathrm{ord}_p(a - b)$$

が十分大きいとき，有理数 a, b は p 進的に「非常に近い」ということになる．このような距離感をもって $\mathbb{Q}$ を完備化したものが $\mathbb{Q}_p$ なのである．より正確には次の通りである．

有理数 a に対し，その p 進絶対値を

$$|a|_p = p^{-\mathrm{ord}_p(a)} \ (a \neq 0), \quad |0|_p = 0 \ (a = 0)$$

で定義する．これを用いて，有理数 a, b の間の **p 進距離** $d_p(a, b)$ を

$$d_p(a, b) = |a - b|_p$$

で定義する．

d_p は距離空間の公理を満たすから，$\mathbb{Q}$ は d_p について距離空間になる．そして，$\mathbb{Q}$ をこの d_p について距離空間とみたときの完備化が $\mathbb{Q}_p$ なのである．

p 進体は，数論の世界では欠かすことの出来ない重要な体である．ここでは，p 進体についての説明はこの程度にとどめるが，より詳しく知りたい方は参考文献 [3] などを参照してほしい．

さて，素数 p に対し，$\mathbb{Q}_p$ を p 進体，$\mathbb{Z}_p$ を p 進整数全体の集合 $\mathbb{Z}_p = \{a \in \mathbb{Q}_p \mid \mathrm{ord}_p(a) \geqq 0\}$ とする．[*39] Tate 加群 $T_p(E)$ は階数 2 の自由 $\mathbb{Z}_p$ 加群であり，Galois 群 $G_\mathbb{Q}$ が作用する．[*40] e_1, e_2 を $T_p(E)$ の $\mathbb{Z}_p$ 加群としての基底とし，$\sigma \in G_\mathbb{Q}$ に対し

$$\sigma(e_1) = ae_1 + ce_2, \quad \sigma(e_2) = be_1 + de_2$$

とすると

$$\rho(\sigma) = \begin{pmatrix} a & b \\ c & d \end{pmatrix} \in GL_2(\mathbb{Z}_p)$$

と定義することにより，連続な準同型写像

$$\rho_p \colon G_\mathbb{Q} \longrightarrow GL_2(\mathbb{Z}_p)$$

が得られる．これを，E の p 進 Tate 加群への Galois 表現という．先程述べた，E の p 等分点が定める Galois 表現は，この E の p 進 Tate 加群への Galois 表現を，mod p でみたものに他ならない．

有限体上の楕円曲線の有理点の個数と，E の p 進 Tate 加群への Galois 表現との間に次の関係が成り立つ．[*41]

命題 4.9. $K_{p^\infty}/\mathbb{Q}$ を準同型写像

$$\rho_p \colon G_\mathbb{Q} \longrightarrow GL_2(\mathbb{Z}_p)$$

の核 $\mathrm{Ker}\, \rho_p$ に対応する拡大とする．すなわち，$\mathrm{Gal}(\overline{\mathbb{Q}}/K_{p^\infty}) = \ker \rho_p$ とする．l を素数とし，E は l で良い還元をもつとし，また $l \neq p$ とする．このとき，Frob_l を l での Frobenius 共役類とすると

$$\det(\rho_p(\mathrm{Frob}_l)) = l$$

また

$$\mathrm{Tr}(\rho_p(\mathrm{Frob}_l)) = a_l$$

とおくと，a_l は整数であり

$$\sharp E(\mathbb{F}_l) = l + 1 - a_l$$

この命題は，有限体上の楕円曲線の有理点の個数を表す数列が，Galois 群の作用から得られるということを主張している．しかも，$\mathrm{Tr}(\rho_p(\mathrm{Frob}_l))$ の値，すなわち数列 $\{a_l\}$ は素数 p の値によらず決まるのである．

[*39] $\mathbb{Z}_p$ は，逆極限 $\varprojlim \mathbb{Z}/p^n\mathbb{Z}$ と同型である．(参考文献 [3] の補題 2.11 参照)
[*40] 参考文献 [7] の命題 1.19 参照．
[*41] 証明は，参考文献 [7] の命題 1.21 参照．

さて，これまでは楕円曲線からくる Galois 表現についてみてきたが，今度は保型形式からくる Galois 表現についてみていこう．
$f = \sum_{n \in \mathbb{Z}} a_n q^n$ を，ウェイト 2, レベル N の Hecke 作用素の同時固有関数である保型形式 (カスプ形式) とする．$K = \mathbb{Q}_p(\{a_n \mid n \geqq 2\})$ とおくと，$K/\mathbb{Q}_p$ は有限次拡大であり，連続な既約表現

$$\rho_f: G_\mathbb{Q} = \mathrm{Gal}(\overline{\mathbb{Q}}/\mathbb{Q}) \longrightarrow GL_2(K)$$

で

$$\mathrm{Tr}(\rho_f(\mathrm{Frob}_l)) = a_l, \quad \det(\rho_f(\mathrm{Frob}_l)) = l$$

を満たすものが存在することが知られている．π を O_K の極大イデアルの生成元，$\mathbb{F}$ を剰余体として

$$\rho_f \bmod \pi: G_\mathbb{Q} = \mathrm{Gal}(\overline{\mathbb{Q}}/\mathbb{Q}) \longrightarrow GL_2(\mathbb{F})$$

を考える．このとき，定義により

$$\mathrm{Tr}(\rho_f \bmod \pi(\mathrm{Frob}_l)) = a_l \bmod \pi, \quad \det(\rho_f \bmod \pi(\mathrm{Frob}_l)) = l \bmod \pi$$

であるから，もし $\rho_f \bmod \pi$ が既約であれば，$\rho_f \bmod \pi$ の同型類は f から一意的に定まる．このようにして得られる有限体 $\mathbb{F}$ への 2 次の Galois 表現を，ウェイト 2, レベル N のモジュラーな表現と呼ぶ．

O を局所体の整数環とする．$G_\mathbb{Q}$ の Galois 表現 $\rho: G_\mathbb{Q} \longrightarrow GL_2(O)$ が，保型形式 f に伴う Galois 表現と同値となるとき，すなわち，対応する $G_\mathbb{Q}$ 加群が同型になるとき，「ρ は保型形式からくる」ということにする．また，その L 関数が，あるウェイト 2, レベル N の Hecke 作用素の同時固有関数である保型形式の L 関数と一致するような楕円曲線，すなわち，谷山–志村–Weil 予想を満たすような楕円曲線をモジュラーな楕円曲線と呼ぶ．このとき，次が成り立つ．

定理 4.10. E を $\mathbb{Q}$ 上に定義された楕円曲線とするとき，次の (1), (2) は同値である.
(1) E はモジュラーな楕円曲線である．
(2) ある素数 p があって，Tate 加群 $T_p(E)$ からできる表現 ρ_p は保型形式からくる．

これは，谷山–志村–Weil 予想の Galois 表現的な言い換えである．つまり，谷山–志村–Weil 予想を Galois 表現の言葉でかくと，「楕円曲線からくる Galois 表現は，保型形式からくる Galois 表現と一致する．」ということになるのである．よって，谷山–志村–Weil 予想を証明するには，難解でわかりにくい楕円曲線そのものを調べるのではなく，それから生ずる Galois 表現について調べればよいということになる．そして，定理 4.10 が述べるところは，楕円曲線からくる Galois 表現 ρ_p が保型形式からくることを 1 つの素数 p に対していうことができれば，谷山–志村–Weil 予想が証明できたことになるということ

である.実際, Wiles は特に $p=3$ の場合を調べることにより, 準安定な楕円曲線に対して谷山–志村–Weil 予想を解決したらしい. E の 3 等分点が定める既約な Galois 表現, すなわち E の 3 進 Tate 加群への Galois 表現を, mod 3 でみたものがモジュラーであることが, Langlands と Tunnel により既に示されていたので, Wiles はそれをもとに証明を試みたのである.

4.3 Fermat の最終定理

Frey は 1986 年に, Serre の ε 予想と谷山–志村–Weil 予想が正しいとの仮定の下で, Fermat の最終定理が正しくないと仮定したとき, ある準安定な楕円曲線がモジュラーでない, つまり谷山–志村–Weil 予想に反することを示した. この準安定な楕円曲線を Frey 曲線という. Serre の ε 予想は 1989 年に Ribet により解決されたので, これらのことから Fermat の最終定理を示すには, 谷山–志村–Weil 予想を示せばよいことがわかった. そして, Wiles は 1995 年に, 準安定な楕円曲線における谷山–志村–Weil 予想を証明することにより Fermat の最終定理を証明した. Frey 曲線が準安定な楕円曲線であるから, Fermat の最終定理を証明するには準安定な楕円曲線についてのみ谷山–志村–Weil 予想を証明することで十分だったのである. ここでは, 谷山–志村–Weil 予想を用いた Fermat の最終定理の証明のおおまかな流れについて説明する.

まず, Frey 曲線がどのような楕円曲線なのか説明しよう.
p を 5 以上の素数とする.
$$a^p + b^p = c^p$$
を満たす正の整数 a, b, c が存在すると仮定する. このとき, a を奇数, b を偶数としてよい.

$a \equiv 3 \pmod{4}$ ならば, $A = a^p$, $B = b^p$, $C = c^p$ とおき, $a \equiv 1 \pmod{4}$ ならば, $A = -c^p$, $B = b^p$, $C = -a^p$ とおく. そして楕円曲線
$$E_{(a,b,c)} : y^2 = x(x - B)(x - C)$$
を考える. この楕円曲線を **Frey 曲線**と呼ぶ.

$E_{(a,b,c)}$ において, $x = 4X$, $y = 8Y + 4X$ と置き換えると
$$Y^2 + XY = X^3 - \frac{B+C+1}{4}X^2 + \frac{BC}{16}X$$
を得る. これが $E_{(a,b,c)}$ の極小 Weierstrass モデルであるから, これの判別式を計算すると
$$\Delta = \frac{(ABC)^2}{2^8}$$

Δ を割り切る素数 l で, E は乗法的還元をもつから, Frey 曲線 $E_{(a,b,c)}$ は準安定な楕円曲線である.

p を奇素数とし, Frey 曲線 E の p 等分点 $E[p]$ が定める Galois 表現

$$\rho_{E[p]} \colon G_{\mathbb{Q}} \longrightarrow GL_2(\mathbb{Z}/p\mathbb{Z})$$

を考えると, 谷山–志村–Weil 予想により, これはウェイト 2, レベル N のモジュラーな表現であることがわかる. ここに, N は Frey 曲線の導手である. Frey 曲線は準安定な楕円曲線であるから, その導手 N は悪い還元をもつ素数, すなわち判別式を割り切る素数すべての積である. この Frey 曲線 E の p 等分点 $E[p]$ から出来るモジュラーな既約表現について, 次の命題が成り立つ.[*42]

命題 4.11. p を 5 以上の素数とする. $\rho_{E[p]} \colon G_{\mathbb{Q}} \longrightarrow GL_2(\mathbb{Z}/p\mathbb{Z})$ を, ウェイト 2, レベル N のモジュラーな既約表現とする. ただし, N は平方因子をもたないとする. また, l を N を割る奇素数とする. このとき, 次の (i), (ii) が成り立つ.

(i) l を以下の条件 (A) または (B) を満たす p と異なる素数とする.

    (A) l は ABC を割り切らない.
    (B) l は ABC を割り切り, かつ $\mathrm{ord}_l(ABC) \equiv 0 \pmod{p}$

このとき, $\rho_{E[p]}$ はウェイト 2, レベル N/l のモジュラーな表現である.

(ii) p が N を割り切り, かつ $\mathrm{ord}_p(ABC) \equiv 0 \pmod{p}$ であれば, $\rho_{E[p]}$ はウェイト 2, レベル N/p のモジュラーな表現である.

これは Ribet が解決した, モジュラーな既約表現のいわゆる「レベル下げ」の定理である Serre の ε 予想を, Frey 曲線の p 等分点が定める Galois 表現に適用したものである.

ところで, Frey 曲線の p 等分点が定める Galois 表現 $\rho_{E[p]}$ が既約であることは, 次の命題により保証される. [*43]

命題 4.12. E を準安定な楕円曲線とする. p を 5 以上の素数とし, E の 2 等分点はすべて有理的[*44]であるとする. このとき, E の p 等分点が定める Galois 表現 $\rho_{E[p]}$ は既約である.

谷山–志村–Weil 予想, 命題 4.11, 命題 4.12 を用いた Fermat の最終定理の証明のおおまかな流れは次のようになる.

[*42] 証明は, 参考文献 [7] 参照.
[*43] 証明は, 参考文献 [7] 命題 4.3 参照.
[*44] $\mathbb{Q}$ の任意の拡大体 L に対し, $E(L)$ の位数 2 の元が, すべて $E(\mathbb{Q})$ に含まれるとき, E の 2 等分点は $\mathbb{Q}$ 上有理的であるという. Frey 曲線の 2 等分点がすべて有理的であることは, $E(L)$ の点 $P(s,t) \neq O$ の位数が 2 であることと $f(s) = 0$ が同値であることと, Frey 曲線 $y^2 = f(x)$ において, $f(x) = 0$ を満たす点がすべて有理的であることからしたがう.

p を 5 以上の素数とする．*45
$$a^p + b^p = c^p$$
を満たす正の整数 a, b, c が存在すると仮定する．このとき, a を奇数, b を偶数としてよい．

先程と同様に, $a \equiv 3 \pmod{4}$ ならば, $A = a^p$, $B = b^p$, $C = c^p$ とおき, $a \equiv 1 \pmod{4}$ ならば, $A = -c^p$, $B = b^p$, $C = -a^p$ とおく．そして, Frey 曲線
$$E_{(a,b,c)} : y^2 = x(x - B)(x - C)$$
を考える．このとき, $E_{(a,b,c)}$ の判別式は
$$\Delta = \frac{(ABC)^2}{2^8}$$
であり, $E_{(a,b,c)}$ は準安定な楕円曲線であった．また, b は偶数で $B = b^p$ ($p \geq 5$) より, Δ は整数でかつ偶数である．したがって, Δ を割り切る素数 l に対し
$$\mathrm{ord}_l(ABC) \equiv 0 \pmod{p}$$

p は 5 以上の素数で, 楕円曲線 $E_{(a,b,c)}$ は準安定であり, かつ $E_{(a,b,c)}$ の 2 等分点は有理的であるから命題 4.12 より, E の p 等分点が定める Galois 表現 $\rho_{E[p]}$ は既約である．さらに, 谷山–志村–Weil 予想より, $\rho_{E[p]}$ はウェイト 2, レベル $N = \prod_{l \mid \Delta} l$ のモジュラーな表現である．

さて, ABC を割り切る奇素数を $l_1, l_2, \cdots, l_n$ とし, ABC を割り切らない奇素数を $p_1, p_2, \cdots, p_m$ とする．ABC を割り切る素数 l に対し, $\mathrm{ord}_l(ABC) \equiv 0 \pmod{p}$ が成り立つから

$\qquad l_i \neq p, p_k \neq p$ であるものに対し, l_i, p_k は命題 4.11 の (i) の条件を満たす素数

であり

$\qquad l_j = p_s = p$ であるものに対し, l_j, p_s は命題 4.11 の (ii) の条件を満たす素数

であることがわかる.

したがって, $N = \prod_{l \mid \Delta} l$ は 2 を素因数に含むことに注意し, 命題 4.11 を繰り返し適用すると, $\rho_{E[p]}$ はウェイト 2, レベル 2 のモジュラーな表現となる．よって, このモジュラーな表現に対応する, ウェイト 2, レベル 2 のカスプ形式が存在することになるが, 命題 3.16 (4) と類似の議論により, ウェイト 2, レベル 2 のカスプ形式は存在しないから*46, これは矛盾．

---

*45 $n = 3, 4$ のときは Fermat 等により証明されているので, n を 5 以上の素数としてよい．
*46 証明は, 参考文献 [7] の系 2.18 参照．

参考文献

[1] 寺沢 寛一　数学概論　岩波書店
[2] L.V. アールフォルス, 笠原乾吉訳　複素解析　現代数学社
[3] 斎藤 毅, 黒川 重信, 加藤 和也　数論 I　岩波書店
[4] 斎藤 毅, 黒川 重信, 加藤 和也　数論 II　岩波書店
[5] N. コブリッツ　楕円曲線と保型形式　丸善出版
[6] J. W.S. キャッセルズ, 徳永 浩雄訳　楕円曲線入門　岩波書店
[7] 斎藤 毅　フェルマー予想　岩波書店
[8] 加藤 和也　解決! フェルマーの最終定理　日本評論社
[9] 足立恒雄　フェルマーの最終定理が解けた!　講談社
[10] A. Wiles, Modular elliptic curves and Fermat's Last Theorem, Annals of Math., **141**(1995), 443-551.
[11] R. Taylor and A. Wiles, Ring theoretic properties of certain Hecke algebra, Annals of Math., **141**(1995), 553-572.

　本書を執筆するにあたり, 最も参考にした教科書は, [3], [4], [5] である. [3], [4] は楕円曲線, 保型形式, 代数的整数論, 類体論, 岩澤理論など現代数論に欠かせない分野について, その歴史的背景も含めて (この種の本としては) 比較的読みやすく書かれている. が, 決して平易というわけではない. [5] は, 合同数問題と楕円曲線の関係, 保型形式について基礎から詳しく述べられている. 難易度は [3], [4] と同程度. [7] は, Fermat の最終定理の証明の解説本. この本を読むには最低でも現代の数論幾何の基礎事項は一通りマスターしておく必要があり, 「この本が読める者は, Wiles の論文も読める」と言われているほど難易度の高いガチ本. 本書では紹介できなかった第 4 節に登場するいくつかの定理の証明も詳しく書かれている. (主に Fermat の最終定理関連の話題ではあるが) 楕円曲線と保型形式の読み物としては [8], [9] がおススメ. [10], [11] は, 360 年の時を経て Fermat が埋めなかった余白を埋めた Wiles と Taylor の歴史的論文. ネットで論文名を検索すれば PDF で入手できる.

楕円曲線と保型形式のおいしいところ

2017 年 7 月 17 日 初版 発行
2019 年 9 月 19 日 第 2 版 発行
　著　者　　D. シグマ　（でぃーしぐま）
　発行者　　星野 香奈　（ほしの　かな）
　発行所　　同人集合 暗黒通信団　(http://ankokudan.org/d/)
　　　　　　〒277-8691 千葉県柏局私書箱 54 号 D 係
　頒　価　　600 円 / ISBN978-4-87310-098-2 C3041

乱丁・落丁があった場合について述べたいが, この余白はそれを書くには狭すぎる.

ⒸCopyright 2017–2019 暗黒通信団　　Printed in Japan

ISBN 978-4-87310-098-2
C3041 ¥600E
本体 600 円

THE DARKSIDE COMMUNICATION GROUP